觀念

許文龍和他的奇美王國

黃越宏◎著

●充滿藝術氣息的奇美公司，顯示出
獨特的企業文化。

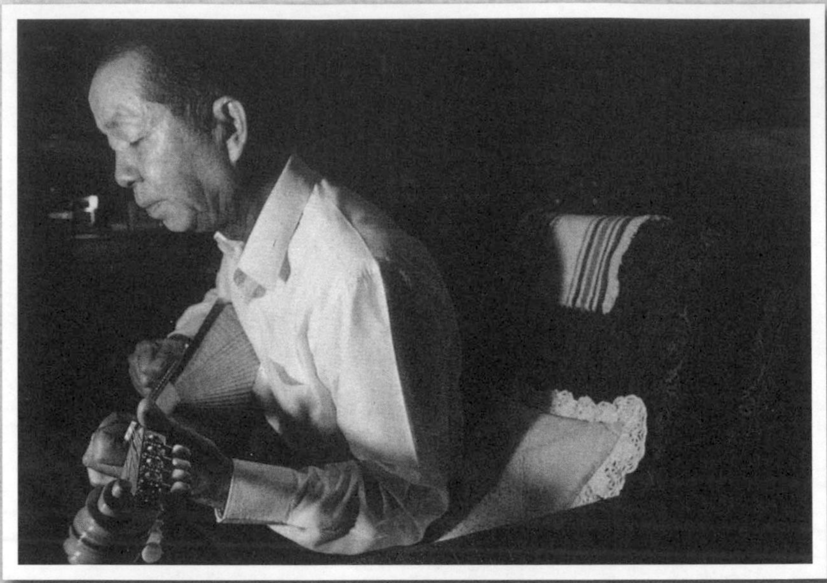

●奇美實業的靈魂人物與領航人許文龍董事長，以釣魚為業、莊周為師，成功的樹立「無私」的企業經營典範。日本《日經Business》曾有專文報導。

●省立南工機械科畢業照，二排左四為許文龍，早年的工頭教育，使許文龍「車床」功夫一流。

●早年的壓克力工廠全靠人工徒手
搬運。運動會上常需較勁一番。

❖從土法煉鋼、東瀛取經，而自行研發生產，歷經七年奮鬥，許文龍爭得「台灣壓克力之父」美名。

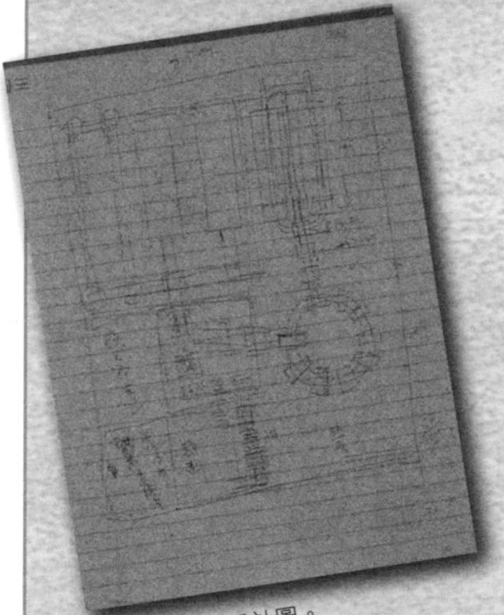

●許文龍手繪設計圖。

●來自遊樂場旋轉木馬的概念，壓克力B廠革命性的迴轉式生產流程，改寫了台灣壓克力生產事業史。

●壓克力第一座重合池與吊車。

●普受推廣的奇美壓克力，連教堂上都可見到。

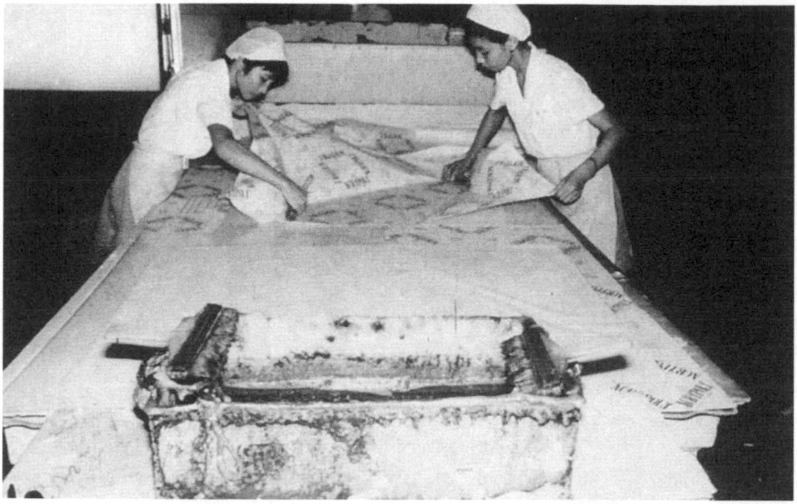

●印刷技術與貼紙的「自動化」突破，此兩技術讓奇美公司在化合板的鼎盛時期，曾創下一年(一九八〇年)銷售三百三十萬片的數字。許文龍首開先例，以「熱壓」及「滾噴」的方式，採用半自動化機械代工，開拓了化合板量產的黃金期。

●ABS、PS原料。

●原料儲存槽。

●南工樂團合照，末排左一為許文龍。

●許文龍與名小提琴家林昭亮在家中對拉小提琴。

❖許文龍在中學時奠下對音樂的興趣，也連帶使其生活處處充滿藝術氣息。

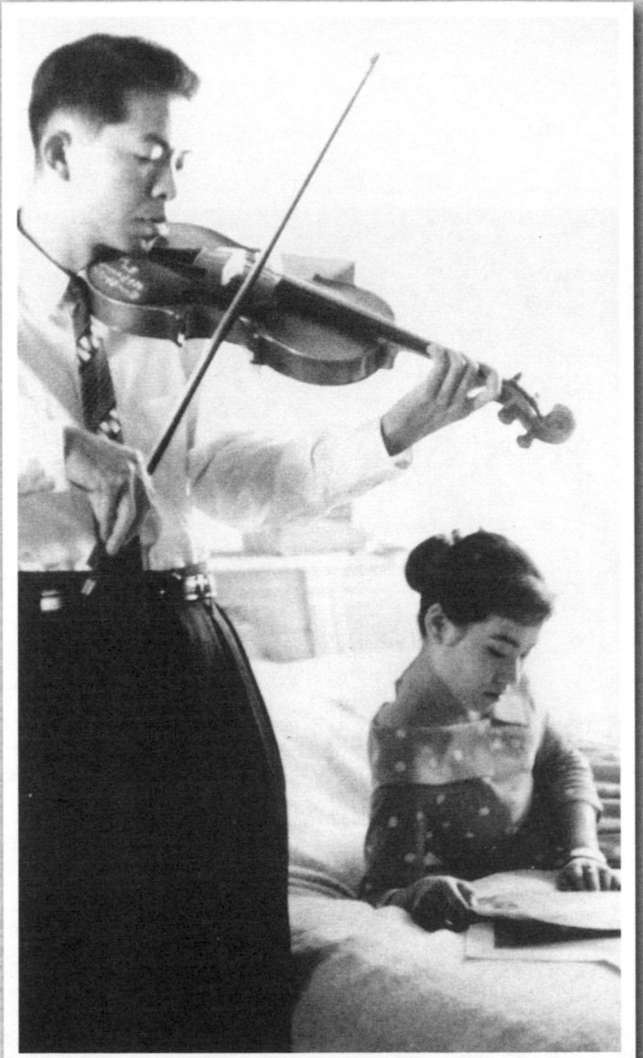

●拉小提琴給新婚妻子廖秀蘭女士聆聽，充分表露鶼鰈之情。

●許文龍的畫作。

●奇美文化基金會的自然史博物館對自然教育的蒐集推廣工作不遺餘力。

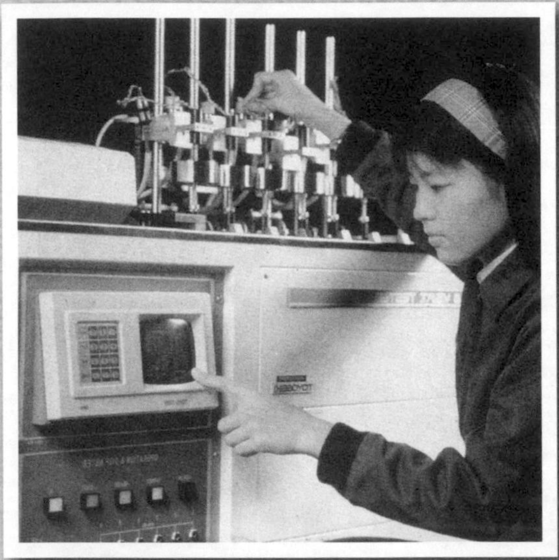

❖歷經十年的奮鬥，如今奇美已成為全球排名第一的ABS大廠。

●奇美以電腦控管，ABS之押出、規模世界第一。

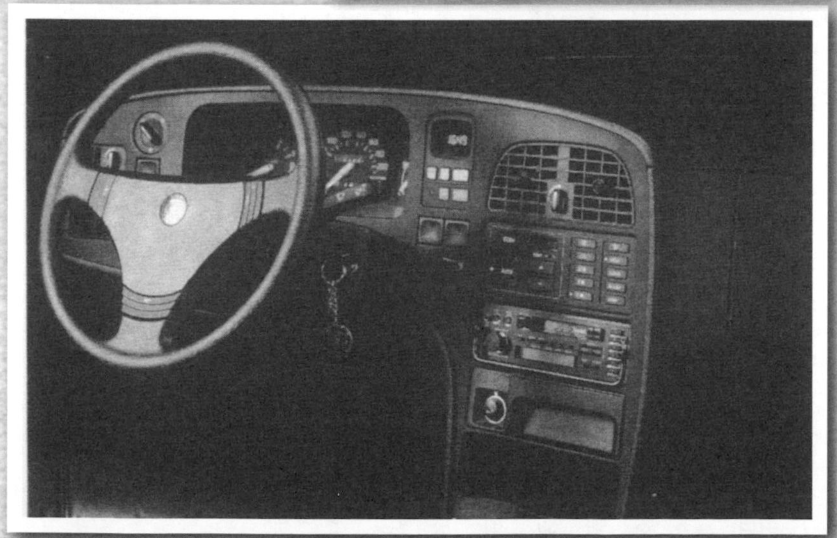

●ABS產品。

《紀念版序》

交官窮，交鬼死

上網搜尋「維基百科」中有關許文龍的介紹，內容只有三百七十八個字，但是有兩百零七個字——超過一半以上，是在形容他的政治作為！（主要如下：「許文龍在二〇〇〇年中華民國總統大選時曾公開表示支持陳水扁，而被中國官方視為「綠色商人」並與之刁難，也被部份台灣人視為「愛國商人」。但他在二〇〇五年三月二十六日（台灣三二六護台灣大遊行當天）發表所謂的「退休感言」，說他支持「一個中國」，反對「台獨」。導致台灣內部對此事褒貶不一，有人說他屈服於中華人民共和國政府，但也有人說他是被逼的。有報導說許文龍在二〇〇六年二月十四日在陳水扁的邀宴時曾針對當時發表「退休感言」一事致歉，但他立即在十五日接受採訪時否認此事。」摘錄於2007.4.15）

從這種眾人自由上網參與編纂的「維基百科」所「介紹」的「文字比例」，可以明顯看出，外界對許文龍的眼光與焦點，放在「政治」上面的比例，遠遠多過「企業」方面！這種現象不是我要關心或探討的重點，身為作者，我想要說的是，這是一本以企業經營為主體，以許文龍的商業觀念為軸心，再以許文龍很多生動的小故事穿織而成。

政治，並未在奇美企業中，帶來經營效益或是主要效益，甚至，在戒嚴時期或統獨對立時，政治，還多是奇美企業的不便與符咒。

愈是大型企業，愈是無法擺脫政治的影響力，當一個大型企業的負責人，就算你不去找政治人物，政治人物也會找上門。這種情形，從古代到現代，從美國到台灣，都是如此，古今中外，無一例外。

俗話說：「交官窮，交鬼死！」它的意思是說：和「官員」交往當朋友，人會變窮；和「鬼」交往當朋友，最後會死路一條！為什麼會有如此說法？原因是，官員擅長吸走百姓的財氣（如：納稅，捐獻等等），鬼魅則會吸走人類的陽氣，和官員或是鬼魅互動一久，財氣被官員吸光，百姓就窮，陽氣被鬼魅吸光，就剩死路一條。

因著這句俗語，本書即便重新再版，也不想多談政治，雖然，這十多年來，許文龍在政治上的鋒頭甚健，動輒國內「朝野兩黨」或「海峽兩岸」均甚矚目，但是，那與企業經營的智慧或觀念，沒有太多直接的關聯，所以，有關政治和許文龍的話題，本書有意加以忽視。

畢竟，政治，只是太多的口水戰；企業經營，才是硬碰硬的實力戰。

《出版序》

一睹寶山真面目

何飛鵬

出版一本夠水準、真正能代表台灣經濟發展的企業傳記，是商周出版長期的心願！

一睹世界ＡＢＳ大王——奇美許文龍的經營奧祕，是我從事台灣經濟、產業研究以來，最重要的心願！

這兩個心願的完成，需要一位讓許文龍放心，也讓商周出版安心的作者，過去三年來，台灣新聞界的資深工作者——黃越宏先生，背負了所有的期待，在南台灣默默地奔波，為這個令日本人畏懼、令世界石化大廠尊敬的公司，一點一滴完成了這本企業傳奇故事：許文龍和他的奇美王國。

想了解奇美、了解許文龍，來自許多傳奇性的傳言：美國人聽說許文龍要擴廠，嚇得先把效率不高的工廠關掉；日本人聽說許文龍要進軍大陸，嚇得暫停對大陸的投資；

某一年年終，許文龍發覺獲利太高，竟然自動退錢給合作廠商……。

除了這些傳言，許文龍在短短的二十年之間，創造了他不可一世的ＡＢＳ王國，真正的世界第一；奇美企業的人均生產力高得不可思議；奇美企業的建廠成本只有競爭對手的四分之一等等，都是統計上讓你不能不相信的事實。奇美在台灣企業中，一直是個謎樣的傳奇。

許文龍愛釣魚，大部分的時間優游在波濤之間；許文龍擅拉小提琴，擁有全世界最多的骨董名琴；許文龍有高度的預測能力，能預測石油危機、原料價格會大漲，而事先與日本大商社簽訂長約；早在創業初期，就預測奇美將會成為ＡＢＳ的世界霸主！許文龍的故事流傳在台南，流傳在石化業界，更流傳在全世界的石化大亨之間。

許文龍是個信奉競爭，會賺錢的商人，也是個與世無爭的哲學家。

許文龍是個聰明人，但是又願下笨工夫，按部就班，有耐性，慢慢等待的人。

許文龍告訴下一代，不要注重賺錢，否則天下錢都給我們父子賺光了，有違天理。

許文龍不讓下一代接班，並且用制度設計，阻止下一代進入公司，真正做到經營權與所有權分開。

不過，許文龍真正值得尊敬的是，他是國內集團企業中，真正不靠政府保護，不運用政商關係。完全用技術，用經營哲理與管理，在充分自由競爭市場，打敗對手、成長茁壯的人。這在目前公義不彰、黑金、黑道盛行的台灣，極為難能可貴，成為所有企業家正派經營的最後標竿。

黃越宏先生以資深新聞工作者追求真相的態度，徹底寫出了奇美——許文龍一生的奧祕，相信對所有關心台灣經濟發展的人，在讀完本書後，都會有「一睹寶山真面目」的感覺，這將是台灣商人的驕傲！

（本文作者為城邦文化集團副董事長）

《推薦序》
建立在「無私」觀念上的一個成功企業

許士軍

依美國財星（Fortune）雜誌在一九九三年的專文報導，我國奇美實業公司在短短五年時間內發展為世界上生產ＡＢＳ原料的第一大廠，在產能上超越世界著名大廠奇異、孟山都和德國ＢＡＳＦ。由於品質穩定，成本合理，日本旭化成工業自當年起委託奇美代為製造。這一事實使得台灣企業在國際競爭舞台上又增加一顆熠熠發光的明星。

有關奇美公司在ＡＢＳ世界性產業的成功史，在這部以「觀念」為名的書中有生動而翔實的記載，讀罷全書，令人對於這一過程中的艱辛與轉折關鍵，獲得無限的感動和啟發，無論做為企業經營的活教材，或——更有意義的——做為人生哲學的現世諍言，都可說是智慧的結晶，令讀者感謝有這麼一部書，將這些保留下來。

實際上，與其說這是有關奇美實業的書，不如說它是一部刻畫奇美創辦人和領航者許文龍先生的記載。俗語說：「事在人為，偉大的事業都是由人創造出來的。」當然，這不可能是由那一個人赤手空拳所能辦到，必須靠一群志同道合的夥伴共同努力，但是，其中一位核心的領導者是不可或缺的。以奇美來說，許文龍先生——無論從那一方面來說——都是當之無愧的。奇美之所以有今天，可說是許文龍先生理念的實現；奇美的成功，也代表許文龍先生個人理念的成功。

儘管這部書中記載了極多生意上的事件、困難、機會或手法，但是背後所蘊存的，卻是許文龍先生的人生哲學和做人做事原則，保持相當一致的精神和特色！

首先感到的，乃是「務實」的精神，看待任何事情，能擺脫慣性、陳規和面子之類的影響，從事情的根本處去了解實況，發掘解決之道，這樣一來，種種虛功和俗套得以免除，不僅做到執簡馭繁，更可產生創新的想法。譬如說，自書中所稱，許董事長一段時間居然沒有辦公室這件事，到公司迄今尚未上市，在一般看來都是很奇怪的事，也許由於許董事長務實眼光看來，這樣反而是更合理的作法呢！

其次表現的，也是一種「適時」的精神。許文龍先生相信：「經營是適應環境的活動」，書中也提出，公司的最大優點是「彈性」。以他個人的表現而言，在創業的不同階段似乎就有很大的不同。譬如在創業之初，一切條件不足時，親力親為，不畏艱苦；但到公司發展至一定規模時，卻能充分授權幹部而不察察為明。又如在面臨生死存亡之挑戰時，精打細算，毫不猶豫；但是本身處於優勢地位時，絕不趁人之危，而願意和他人利益共享以謀長久之大利，處處表現「不計較」之寬厚作風。

第三是堅定的「信心」，許文龍先生的一些決策，雖不能說是驚世駭俗，但是至少是與眾不同的。譬如說，民國七十七年時即開始實施週休二日制；當國際市場原料價格上漲至每噸一千八百美元時，不但不趁機撈一票，反而停止外銷，以一千二百美元低價全力供應國內下游廠商；還有膾炙人口的年底結算後退還利潤的作法等等，並不是由於他一時的衝動或示人以「小惠」的動作，而是建立在他對於自己所持信念的堅持。這種信念就是，經營企業不是以賺錢為目的，而應使所有的人——包括員工、經銷商以及社會——獲得幸福。講這樣話的人很多，但是真正能做出來，卻非有十足的信心不可。

如果再深掘下去，上面所說的精神能夠對企業產生正面的效果，恐怕和許董事長對於人性的了解，以及對自己的把握有密切的關係。

一方面，他相信，凡事必須順應人性去做才有成功可能——尤其是人性中善良的一面——他不用「追究責任」或「重罰」的高壓手段以對待員工，而是以「替人著想」和「增加信任」誘發員工自動自發的主動精神，也讓供應商和下游客戶對奇美產生好感，使得奇美公司無論內外關係充滿一片和氣。由於許文龍先生先做到了「不計較」，換得了別人的不計較，所謂「退一步海闊天空」，做起事來可以揮灑自如，輕鬆而自然。

另一方面，也是最根本的一點，就是許多人都知道以上這些道理，但是卻無法做到，或且不能引起別人的共鳴或善意回應，關鍵在於你自己能否心中無「私」，或能去除自己的利益放在第一位的念頭。在書中，我們一再看到，許文龍先生在面臨許多抉擇的關頭，從不把眼前的利潤或家族的利益看為最重要，往往所犧牲的，正是這些利潤和利益。因為他先有「無私」的胸襟，所以所做的決定不受「私心」的拘束或拖累，才能神志清明，把眼光看得遠，看得大。更重要的，才能真正贏得他人的信任，造成良性循環。這雖說是一念之間，卻是最困難做到的一點。

誠如本書自始至終所強調的，許文龍先生創立奇美這一公司，真正憑藉的，乃是他所秉持的「觀念」。儘管在書中，我們看到他早年如何咬緊牙關，刻苦奮鬥，近年來將大部時間用於釣魚和藝術文化的保存與發揚工作；我們也看到他在技術創新上的用心和獨到，以及經營事業上高明的手法與策略等等，但在這些後面，乃出自他的基本人生觀念和對企業的經營理念，因為從觀念和理念出發，所以使他在不同的行為和決策中，能夠保持一貫；也因為他所持觀念和理念的超脫和凌空，使得他所做的決定和行為自然與眾不同，在芸芸眾生中，能夠脫穎而出。這是傳統「生意人」和「企業家」的不同之處，也是許文龍先生所達到的一個境界。

以上乃是個人就許文龍先生經營奇美實業的成就，讀罷全書的學習心得，感到無限的欽敬，也是我們身處的台灣，在企業經營上對於世界的貢獻和驕傲。至於書後也附有許董事長對於政治上的意見和看法，誠如作者所說，見仁見智，乃是有爭議的，我們自當尊重。我們也能了解，經營企業最需要的是一個安定而合理的經營環境，經營者才有發揮的舞台和空間，許文龍先生所期盼的正是這種環境，因為他是一位成功的企業經營者。再說，每個人都有他自己的成長背景和時代，不同的成長時代背景，對於一個人的思想和感情，也會留下深刻的影響。從許文龍董事長的政治觀點中，正可以幫助我們了解他那一輩人的成長背景和想法，對於讀者而言，也許這更是另一層次的認識和收穫吧！

（本文作者為元智大學管理研究所教授、中華民國管理科學學會理事長）

《作者序》經營大師即之也溫

黃越宏

記得有部電影，是演米開朗基羅繪創世記壁畫的心路歷程，片名取為《苦悶與歡愉》（Agony & Ecstasy）。

大概的內容是：不朽的傑作常是大師在苦悶煎熬下，一再淬煉之後，而進發出的鉅作。因此，創作的「歡愉」，往往與孕育過程中的「苦悶」如孿生般隨形相伴，甚至，是強烈的正比關係。

許文龍董事長，一手創出奇美實業王國，其內心世界其實也有「苦悶」，這些「苦悶」的煎熬，他用盡智慧與心力，將之化育成「歡愉」。

正如一九四六年諾貝爾文學獎得主赫曼赫塞在《浪漫的歌》中寫道：「我是遨遊者，不是莊稼漢，是尋求者，不是保守者。」許文龍董事長是典型的遨遊者，是尋求者，他不喜拘束，他尋求一再地突破，可惜的是，在早期的家族股東中，像他這般智慧與個性的不多。

企業日益茁壯之後，他的「苦悶」也日益嚴重。他從不擔心「賺錢」之事，因為他真的很會賺錢。但是，他一直苦悶於如何能確保「經營權」與「所有權」的真正分離。

為了擺脫這苦悶，他設置讓從業員參與的「經營委員會」，他更讓員工分股，他限定董監事車馬費每人「每年一萬元」等等（一般上市公司是以百萬元計）。

他的「苦悶」成就員工的「歡愉」，他的經營理念與福利設計，將來必會被視為企業經營的大師級不朽傑作。

機緣湊巧之下，進行採訪寫作《觀念——許文龍和他的奇美王國》一書，兩年的寫作期間，正值我人生最苦悶的時刻，女兒夭折、工作遭黜，只是沒想到，歡愉不是來自該苦悶，而是來自聽到許文龍董事長許多人生寶貴的哲理與經驗。他的言談中，沒有任何艱深難懂或玄奧的字眼，全是生活中通俗的借喻，常令人聞之心沁脾涼，打結的觀念為之扭轉與頓開。

為了深入了解奇美企業，閱讀了至少兩大箱以上的文書資料，反覆聆聽相關錄音帶，與奇美公司上自董事長，下至大、小從業員，則有難計其數的訪問。

奇美是很少見的公司，其成長速度令我吃驚，一九九四年，剛開始採訪時，其上一年度營業額二百億元，一九九六年採訪完成，營業額已是四百億元，該公司預計二〇〇〇年，將達一千億元。

快速成長，且企業體歷史悠久，必有豐富的資料與素材，在寫作消化上很是費神。一開始我以「編年」式寫法，用時間當主軸，一路寫來，到奇美公司ＡＢＳ稱霸全球之後，則改用「紀傳」式，分敘其「特質」、「基金會」、「博物館」等企業文化橫切面。

在這過程中，承奇美公司林榮俊協理特別撥冗鼎力相助，及多位幹部的細心解說，讓我這化學一竅不通的門外漢，竟也能粗通ＡＢＳ之特性。

此外，資料整理方面得親友陳文哲、杜蕙蓉、廖素慧等人的幫忙，都是要特別加以致謝的。

contents

第三部 飛龍在天——獨占壓克力市場……108

第四部 多角化經營……138

contents

寫在前面

日本《化學工業日報》一九九〇年十一月十六日的報導中，以醒目的標題寫道：「台灣奇美實業ＡＢＳ（工程塑膠）穩居世界第一，一九九三年達六十五萬噸產能，以追求規模經濟之優勢席捲世界市場。」

「席捲世界市場」，這一形容詞一點也不過分。其實，早在一九八五年前後，奇美公司已是全世界ＡＢＳ的國際外銷市場之冠。當時，美、日兩國是ＡＢＳ的兩大產國，但兩國的產能只足夠供應內銷，外銷市場的占有率不大。

引起日本人注意的應是，台灣製造的石化原料產品竟然比他們的還強，甚至還可以外銷到日本。因為，在一九九一年七月二十二日，日本媒體再一次披露消息指出：「松下電器由台灣奇美實業擴大輸入ＡＢＳ樹脂，一年增加到兩萬噸。」

ＡＢＳ到底是什麼東西？其原料的生產竟如此引人重視？

世界第一ＡＢＳ大廠

ＡＢＳ是一種工程塑膠，是由丙烯腈、丁二烯、苯乙烯三種石化原料的共聚合物，是製造家電、電腦、電話、電視、音響、餐具、玩具，乃至於飛機等交通工具不可或缺的塑膠原料，簡單地說，我們日常生活所需用品都有ＡＢＳ成分。

一九七三年以前，台灣無人可以生產此一產品，世界主要生產國家是美國、日本。

一九七三年，台灣的奇美公司以很不自量力的勇氣，嘗試踏入生產ＡＢＳ的領域，一九七六年，奇美公司開始有「低級」產品出現。同年，台灣的台達公司則以「整廠輸入」的方式自日本引進。

一九八三年，奇美公司以年產能三萬三千噸向國際市場進軍，一九八八年，提升為二十三萬九千噸，一九九三年年產能激增為五十八萬一千噸，短短十年間，產能提高近二十倍。

事實上，奇美公司早於一九八四年即名列世界四大ＡＢＳ工廠（華納〔Borg Warner〕、孟山都、ＧＥ、奇美）。

到了一九九〇年，奇美公司就已穩坐「世界第一」的寶座，引起國際間矚目。

技術的突破促進產量增加而取得國際地位，並不稀奇；因為產量過多之後，滯銷、資金周轉不靈，乃至倒閉等問題往往隨之而來，奇美公司卻能擺脫此一經營盲點，在日本石化業者一一陷入困境時，依然屹立不倒，甚至繼續擴充產能。一九九三年，全球石化業不景氣，奇美卻以凌厲無比的氣勢在銷量、營業額、獲利三項有長足的成長，百分比分別是二〇％、二二％、三四％，稅前利益在新台幣二十五億元以上。

奇美公司董事長許文龍曾說：「貨源不足時賺錢，沒什麼，要能在生產過剩之際仍然賺錢，才是本事。」

許文龍用的是什麼兵法？他的本事在哪裡？

錢不斷地湧入，許文龍一點也不驚喜，早在二十年前，他就親口對他的兒子說過：「你老爸很會賺錢，所以，你不用學賺錢做生意，要是你將來也像你老爸這麼會賺錢，那太沒道理了，錢豈不都讓咱們父子賺就好了！」這種少見的「賺錢自信」，才真教人嘖嘖稱奇，也因為這種思想，奇美公司見不到任何董事長的「公子」、「千金」涉足內部指揮員工，第二代「經營者」完全都是非家族內的人。

許文龍還怕他百年之後，上一代的子女想干涉公司經營，遂提前公開錄製演講錄影帶並表示，如有上一代的子女想介入公司的經營，可以播放此帶子給他們看，再將他們趕出去。並非許文龍不疼愛子女，而是他很清楚人生的意義，他相信父子都太會賺錢不是好事，很可能會有人招天嫉而夭折；另一方面，他不相信錢多是幸福，錢賺多了不快樂，有負擔，還不如不會賺錢的好。

此外，許文龍認為，公司成員多，提供就業機會的社會責任重，不可以一己之私決定公司前途，也不必以一家族之力來背負責任。

以釣魚為業的企業家

許文龍在國際商場上的知名度遠高於國內。日本的《化學工業日報》已連續十年以上，陸續對奇美公司及許文龍作專題報導。

發行量三十萬份的日本《日經商業》雜誌，曾派遣資深記者專程來台作深入訪問，該專訪刊出後，引起韓國《經濟新聞》的興趣，專文連載。

許文龍不是作秀型的人物，也不太愛曝光，不曝光的原因主要是：他喜歡擁有平凡小市民的輕鬆隨便，不願到處受注目。

令人訝異的是，許文龍在自己一手創建的奇美王國裡，一度（逾二十年之久），竟然沒有董事長辦公室。

許文龍的想法是，辦公室會拘束他的行動，萬一有人到辦公室找他，賴著不走，他會不知道如何是好，相反地，他有事的話，可以主動到各幹部辦公室找他們，而且事情一談完即馬上離開，互不礙事。

許文龍不常上班，除了每週一固定到公司主持會議之外，其餘時間經常可以在海釣場上看到他的身影，他的釣魚技術不輸專業漁民，他的身分證職業欄寫的是「漁民」。今天想吃什麼魚，要到哪個漁場？下多深的釣線？用什麼餌？許文龍都一清二楚，他的海釣功夫可見一斑。

許文龍不認為錢多就是幸福，自然地，他也不相信錢能買到「永恆」，但擁有他這般財富的人難免想追求「永恆」。而他追求的永恆是「藝術」，他說：「天下沒有永恆的企業或產品，只有藝術是永恆的！」

自一九六八年起，奇美企業前後已捐出十多億元，以成立「奇美文化基金會」，開設博物館，並設立「奇美藝術人才培訓獎學金」。許文龍對藝術的投入與追求是少見的。多年來，他不曾間斷「素描」的練習，而小提琴表演，他自謙是「那卡西」（走唱藝人）的職業水準。

許文龍對藝術的看法很簡單，藝術與民眾無距離，離開群眾就不算是藝術。因此，他很討厭那些自以為是，卻沒有人看得懂、聽得懂的藝術表現。許文龍喜歡看書，他做生意的本事不少是來自《莊子》的靈感。

他常引用「莊周夢蝶」的故事，他說，到底是莊子夢見蝴蝶？還是蝴蝶夢見莊子？既然答案不是絕對的，做事的想法也不是絕對的，而是要掌握「相對性」，不景氣的時候，不要死守賺錢的教條，應改為「少虧即是賺」的方式。

許文龍還認為，莊子與蝴蝶可以互相夢見對方，做生意更應記得「站在對方的立場加以設想」，懂得替對方著想，是生意上得利的重要法門。

歷史是許文龍的最愛。他研究台灣史的功力，連李登輝前總統都相當讚賞，兩人還曾經以此為話題有一番深談。

許文龍重視文化。他說，非洲人沒錢沒文化，大家不覺得他們討厭，有時候還覺得他們天真，可是，台灣人有錢沒文化，在國際上走動則易招人厭惡。

經營理念領先群倫

許文龍對人、對事、對物都有他獨特的見解，是這些見解帶他走出赤貧成為富人，是這些見解讓他領導奇美公司執世界石化業之牛耳，最重要的是，這些見解讓他體認幸福人生的真諦，享有與其他富翁不同的幸福生活。

許文龍經常勸公司幹部：「**企業行為是用來追求幸福人生，千萬不要為了追求企業利潤，而犧牲了幸福人生。**」

「錢是原料，花出去才有成品出現。」「不要當守財奴，有錢也要有時間去享受，不要顛倒手段成目的。」這些名言他一再地用來提醒同仁。

因此，奇美公司的員工有四分之三是公司股東，一九九三年這些股東分紅高達一億三千萬元，其員工數不過千逾人，有人分得數十萬至數百萬不等；奇美公司也早於一九八八年即週休二日；奇美公司是一家未曾鬧過「勞資糾紛」的國內大型企業，該公司的福利制度，連當時的勞委會主任委員趙守博都激賞不已。

許文龍有一次在公司的運動會上向員工致詞說：「你們等一下要賽跑，而我也一直在賽跑，我有四大目標要跑第一，我希望能替公司的利潤跑出第一，好讓股東分享；其次，我希望能替員工的福利跑出第一；再來，公司的客戶我們也能幫他們跑出第一；最後，對社會上，我們要以『納稅』表現第一。」

這四大目標，奇美公司真的都悶聲不響地跑出了第一。事後，許文龍更補充強調，「第一」不是最重要，上述四者均衡兼顧，偏一不可，才是最重要。

當筆者訪問許文龍時問道：「是什麼因素能讓奇美公司這麼全面性成功？」

許文龍想了一下，簡單地回答了兩個字：觀念。

對了，就是「觀念」二字。

原來，阻礙進步的不是所謂「既得利益團體」，而是老舊陳腐的觀念。人類四百年前主張「地球繞著太陽轉」，結果，此一真理的發現者伽利略，在當時的下場是被折磨至死。

一九六七年，瑞士納查特研究實驗室發明「石英錶」，並將此創新發明介紹給當時瑞士製錶業者，結果，業者因「石英錶沒有發條不算手錶」的觀念加以排斥。不久，日本人取得石英錶專利，並以其比傳統上發條的機械錶準確一千倍的特色，掠奪了瑞士原本占有的廣大鐘錶市場，瑞士人才猛然覺悟新觀念的威力。

了解奇美企業，必然要介紹許文龍董事長，要介紹許文龍，則「觀念」是其成功的關鍵，因此，本書取名為「觀念」。

・第一部・

啟發式教育培養「錢」才

1 與天俱來的經商天賦

一九三三年，許文龍六歲。

歲末尾牙，像往年一樣，許文龍和其他八位兄弟姐妹殷殷企盼著父親回來，公布老闆今年發多少賞金。

許文龍記得，領到賞金的父親，心情特別好，會帶著微醺的醉意，從街上買些糖果回來，讓他們這群小蘿蔔頭一起慶祝。

漫長而冷清的尾牙夜

那一夜的等待似乎特別漫長，充耳盡是隔壁鄰居家，興高采烈討論「賞金」怎麼花用的歡呼聲，拌雜著男主人驕傲而大聲地指揮女主人，要買些什麼東西，要給小孩添購新衣服過新年。

這樣熱呼呼的氣氛是許文龍一家人正期待的，然而，隨著夜色逐漸深沉，帶給許家一股莫名的龐大壓力。

在大家焦灼的期盼中，許文龍的父親回家了，拖著乏力的腳步，一臉鐵青地走進家門，一言不發的，就呆坐在角落邊上，始終沒有開口，好像他突然失去了說話的能力。

小孩子嘰嘰喳喳的吵雜聲，顯得家中的空氣更加凝重。雖然在母親的示意下，許文龍的兄姐把幾位年幼的弟妹招呼好，但是父親異樣的表情卻令他印象深刻。許文龍往後的歲月裡，一直想不起那天晚上的下半夜是怎麼過的，彷彿放映機突然間脫帶，電影中斷了，螢幕上只有光，卻無影像，機器仍軋軋作響……。

隔天，許文龍看到父親躺在床上，不像往常一大早就出門，迷迷糊糊中，他聽到母親跟哥哥姐姐們說話，才知道，父親失業了。原來昨天晚上父親公司吃尾牙，老闆發賞金，刻意跳過父親，那等於是宣判父親從第二天起不用上班。一夜之間，父親由這家小公司的總經理變成沒有「頭路」的人，資方的指令是如此權威，勞方毫無保障及尊嚴。

這個沉重的打擊，擊垮了許文龍父親的自尊，也戳傷了全家大大小小的心，而這樣的烙印，卻引發了許文龍對工作保障權、勞工福利最早的意識。

更形拮据的貧民區生活

然而，沒有讀過書的母親，面對生活陷入困境的擔當與智慧，卻深深地印在許文龍的腦海裡。他母親常說的一句話是：「可以失業，不可失志。」

許文龍記得，母親認為情報、資訊很重要，人不能和社會脫節，因此儘管當時報紙是昂貴的，她仍每天想盡辦法，為失業在家的父親買一份報紙回來。

只是，失業的挫敗，可以從報紙版面上找到工作重新出發，人格自尊的受創，卻讓飽讀詩書的父親患了「恐懼症」，害怕再踏出去，會又一次受辱。因此，整整十年的時間，許文龍的父親不喜歡出門，幾乎是將自己封閉於家中。

生活更形拮据的許文龍一家十二口，住在當時有台南貧民區之稱的神農街，街內，有一座大倉庫，隔成二、三十戶人家，每戶僅七、八坪大，全家就擠在一個房間內，棉被只有一條，隔間木板上，掛了一個五燭光的小電燈泡，是與隔壁共用的。

每天大清早，許文龍都是被這座大倉庫裡婦人叫罵不休的「吵架」聲音吵醒的，而引發叫罵的原因多是：你家的雞偷吃我家的雞食。以現在眼光來看，那些雞食是前一天晚上吃剩，沒有人要的殘羹剩餚，但在當時卻成為左鄰右舍撕破臉大吵的導火線。

為賺錢當乩童？

在許文龍的幼年時代，讀書對他而言，是次要的，他的第一志願是想賺錢分擔家計，再說，他的成績並不太好，考個三十名已經不錯了，偶爾還會出現第五十名的名次。小學將畢業時，許文龍滿腦子都是賺錢的念頭。當時，他的二哥身體不好，得了傷寒，家裡一方面請了醫生，一方面求神問卜，找乩童祈求神明保護。

許文龍看到乩童有錢賺，遇上廟會時，還可以吃一碗當時被視為美味珍饈的「鹹稀飯」，頓時萌生當乩童的想法。不過，這個念頭馬上被母親打斷。

許文龍就在這樣貧窮的環境，看著父親「既失業又失志」的黯淡氣氛，期盼趕快長大賺錢養家的心情下長大。

第一次賺錢的滋味

急切要賺錢的許文龍，開始注意賺取食物或金錢的機會，而他也確實賺到一些錢或食物，雖然不多，卻讓人為他與生俱來的天賦驚訝。

許文龍十歲時，有次看見一大群人在半乾涸的魚池裡撈「土虱」，只見七、八個身強力壯的大人，手忙腳亂好一陣子，卻一隻也沒抓到，最後失望地離去。許文龍在一旁靜靜地觀看大人的舉動後，心裡納悶著，這池中如果真有「土虱」，經過這番費勁的翻攪，想必只有躲在池中微露的那節竹筒裡，捨此別無他處。那群大人為什麼不敲開竹筒看看呢？他很有信心，且很有耐性地在旁不動聲色地等著。

果然，當大人們都離開之後，他拾起池中微露的那節竹筒，朝電線桿一敲，隨即蹦出六、七尾碩大肥美的土虱，他歡喜地抓回家給母親下廚，當晚，全家人享受了一頓相當滋補的晚餐。

據他自己回憶，從小他對自己的觀察力就有信心，且有耐心去驗證。

許文龍十六、七歲時，當時台灣常見空襲警報，有一天，他在空襲過後的街上看到一個人，手裡提著一隻番鴨，行色匆匆，神情顯得有點慌張，直覺告訴他，這個人是「賊」，而鴨子是「贓物」。

為了證明自己的判斷，他用「叫價」的生意手法驗證。他向那人問道：「鴨子賣不賣？」那人遲疑了一下說：「好啊！」許文龍則掏出口袋說：「我只有這幾分錢而已。」顯然錢太少了，那人蹙了蹙眉頭，勉強點頭同意，將鴨子交給了他。

提著廉價買得的番鴨，許文龍很高興晚餐又可以打打牙祭了，當然，也對自己的正確研判自鳴得意，雀躍不已地踏著輕快的步伐往家裡走。不料，走沒幾步路，有位上年紀的老者，又出價向他買鴨，許文龍一愣，心想：「加價脫售也不錯。」於是他以原來三倍的價錢賣出。

這是許文龍第一次嘗到轉手脫售賺錢的滋味，顯然做生意的「膽識」也自幼即有。

活用資源，獲益無窮

而十七歲時一次「以物易物」的經驗，更是許文龍經商天才的正式展現。

當時，許文龍的大哥許鴻彬，早已成家搬往北門，大姊嫁往玉井，四姊、五姊投靠大姊，二姊在關廟，三姊在鹽水，茄定家中僅剩許文龍、大弟許振東和大妹許雲英，家庭生計重擔，全落在許文龍一人身上。一切粗活，全是由體重不到四十公斤的許文龍來扛，這種生活條件，讓許文龍不但體弱多病，還受了癆傷。

一九四四年，戰爭末期，駐台日軍已經幾乎沒有後動補給可言，「抽菸」更是成為難以想像的奢侈享受。許文龍的長兄在專賣局（現今的公賣局）上班，一年難得回家幾次，每次回家會帶回一些劣質菸葉（即菸葉梗或菸葉屑），那是原本泡水後用來殺蟲的。

許文龍用此菸葉捲成香菸，除了供他的母親抽用外，還拿來賣給附近軍營的阿兵哥，雖然是劣質菸葉捲成的，但在戰爭末期，可是相當珍貴。許文龍的腦筋動得快，沒多久，他使用這些香菸變換其他物資，賺取了相當豐厚的利潤。

許文龍認為，只賣香菸沒什麼可觀的利潤，不如以菸易物，讓阿兵哥拿營中倉庫內不用的衣物來換，阿兵哥一聽，更是高興，抽菸不用花錢，只要拿舊衣物換，紛紛翻箱倒櫃找來一大堆衣物。

許文龍深知漁民出海最缺禦寒衣物，但漁民又不富裕，以物易物是最適合的交易方式了。於是他拿著大批舊衣物，到海邊找漁民，用這些衣物換新鮮的魚，然後又把鮮魚拿到軍營賣給阿兵哥，如此一轉手，原本不值錢的菸葉卻換了不少錢。

才十七歲的許文龍，在經濟蕭條的時代，竟然馬上將交易手法倒退為古代老祖先們的「以物易物」方式，且眼光準確地找出「閒置」資源與「豐沛」資源的差異，互通有無，而這種概念正是成功商人最需要的。

許文龍回憶，這一「閒置」與「豐沛」活用之招，讓他一生經商受益無窮，且造出無數次的「雙贏」及「三贏」等美滿結果。

談判與領導能力的展現

一九四五年日本正式投降，駐台日軍尚未完全撤離，沿海軍區所插佈的防空壕木樁，是項可觀的資源。

許文龍透過平時與阿兵哥的交情，從小隊長一直到連長，一再向他們表達拆除那些木樁的希望。

一俟取得日軍的同意，許文龍立刻召集村人，告知這些木材他已出面交涉取得，大家出力拆搬可以分得一半，另一半歸他所有。

村民聽了他的話，人人都願意出手幫忙，於是，才十七、八歲的許文龍率領著一大群村民施工，竟然有條不紊地從拆除到搬運，乃至於分配，做得井然有序，連日軍都不禁稱讚他的能力。

可惜的是，鄰村看到軍區的防空壕木樁可以拆除，也自行動手，卻遭日軍嚇阻，鄰村人誤以為是許文龍居中搞鬼，揚言對許文龍不利。許文龍的父親見事態嚴重，阻止許文龍繼續拆除木樁的工作。

雖然未能全部取得木材資源，但是才十七、八歲的許文龍在此一過程中，向日軍交涉的「談判」能力，以及率領村民分工合作的「領導」能力，完全不輸給大人。

此外，許文龍的「大膽」也令同村人為其捏把冷汗。隔不久，鄰村拜拜，許文龍隻身前往看戲，一點也不畏懼。同村青年為其擔心，怕鄰村銜恨趁機報復，許文龍則只笑笑，像沒事般。事後，村人多讚其「好膽」！

動亂的世界，安定的台灣

所謂「時勢造英雄」，許文龍的潛能激發，其實和當時大環境是有關係的，讓我們回顧一下許文龍當時所處的時代背景，及整個大環境帶給他一生的影響。

許文龍生於一九二八年，次年，全球經濟大恐慌由美國紐約股市開始傳出，德國有高達一百七十億馬克的赤字。在政治上，中國大陸是軍閥割據，國民政府忙於內戰、剿匪，世界局勢處於動亂狀態。

相對於當時的情勢，身為台灣人的許文龍是較幸運的一分子，因為日本人自一八九五年開始殖民台灣之後，歷經多任總督的圖治，正進入「績效」綻放的階段。台灣這塊土地，先後有荷蘭政府、明朝流亡王朝、清朝命官等不同政權之破壞及建設，最後又有日本政府以軍事手段強奪，加上本島上暴力犯罪一直不斷，強盜、打劫、族群械鬥等行為層出不窮，誠如現今許多政治人物形容的，是「被蹂躪的土地，悲情的年代」。

雖然日本政府以戰爭手段割據了台灣，但是其全面掌控之後，在「治安」方面，卻有相當出色的成就，迄今六、七十歲受過日式教育的老一輩們，仍念念不忘當時「夜不閉戶」的良善世風。日本人除了整頓好社會治安之外，對醫療、衛生等公共衛生行政事務同樣重視，其他如水利、農業等經濟基礎建設也深入扎根。

日式教育奠根基

在整個世界處於動亂且正醞釀第二次世界大戰的紛擾之際（一九三九年第二次世界大戰爆發，此前國際局勢一直烏雲密布），台灣本島的小政局反而脫胎換骨似地，呈現出安定、有秩序的景況，而許文龍就在這安定的小格局中，接受了日本教育給予他的「多元化」的概念，讓他往後的人生受益頗多。

殖民地的教育中，少了升學的壓力，沒有太多的政治教條，日本教師喜歡在課堂上講授社會問題，鼓勵學生培養美術、音樂等嗜好，讓學生的視野無形中大為擴展，觀念不是局限於教科書。

反觀海峽對岸和許文龍同年齡的中國青年，在成長過程中若非投入抗日的青年軍，就是淪於文革的小紅衛兵之鬥爭中。顯而易見地，許文龍能受教於安定且多元化的教育是幸運的。

不過，幸運不必然帶來成就，許文龍今天的成就，除了有這麼一點幸運之外，他過人的智慧與不懈的努力更是關鍵。

2 實作教育扎根深

成長過程中，有賺錢壓力的人太多太多了，甚至比許文龍賺錢意願更高昂的，大有人在。

然而，光是「想」或「壓力」，如果不能「實踐」，又有什麼用？而與其問如何才能實踐，不如問：如何才能「培養」出這麼會賺錢的人才？

考不上學校的聰明人

許文龍的受教育過程，是不容忽略的一環。根據許文龍的描述，他對學校教育的開竅很晚，在小學四年級以前，他一直不會看時鐘，原因是他總分不清長針、短針，然而這並不表示他不會分辨時間，他自有一套解決問題的辦法。

善於觀察的許文龍，以「觀影法」解決了看不懂時鐘的困擾。他每天早上躺在床上，都可看到對面房子前的石磨，而當太陽光照射石磨，投出影子，他一看其長短，即可辨出還可賴床，或是該馬上飛也似地爬起來，因為那代表他即將上學遲到了。

這招「觀影法」相當準確，但是一遇到下雨天、沒有太陽的日子，可就慘了。

小學畢業以後，許文龍連考兩年中學，不但在台南考，還遠征到高雄，竟然沒有一所學校考得上，最後還是用人情關係，以「候補」名義，勉強有學校念，是「高等科」，念了二年，才又考上專修工業學校，即當時之台南附工，他念了兩年。台南附工是台南高等工業學校（現成功大學）的附設學校，校長由台南高等工業學校校長兼任。

當時的學制是小學六年，中學五年，高等學校三年，然後才大學，若中學考不上，則可上「小學高等科」，再繼續升學或上中學，或上工業學校。成大是當時的高等工業學校，並不是大學。許文龍的「開竅」則是在「小學高等科」那兩年才展現，好像忽然間一下子什麼都懂，也開始愛念書。

重考的事至今仍令許文龍相當不解，他說：「這一輩子從來沒有人說過我笨，而且，事實上，我的表現一再證明我不比別人笨。可是，為什麼我在當時會連一所學校都考不上呢？」

許文龍的結論是，一定是當時的考卷有問題！

最難忘的大友老師

好不容易進了「小學高等科」，日本式的通才教育，啟迪了許文龍的智識，他就好像一隻剛睡醒的遊龍，優游物理、化學、音樂、美術等天地裡，沒有升學壓力，他興致勃勃地盡情吸收老師教給他的，他所想要的，生活像一道七彩光譜，充滿了繽紛亮麗。

許文龍的腦海裡，深印著一幅米勒的世界名畫「晚禱」，以及引導他認識這幅名畫的日籍老師大友先生。

當許文龍經商成功之後，曾多次專程接大友老師自日本來台訪問遊玩，以示感念。許文龍記得，高等科二年級時，大友老師有一次在課堂上拿出米勒的「晚禱」，畫的遠方有一座教堂高高聳立，傍晚時分，農夫與妻子在田間，剛忙完了農事，神情虔誠且寧靜。

那一堂課，大友老師指著畫，問他們：「他們在祈禱，你們聽到鐘聲了嗎？」這樣一句啟發式的問句，在許文龍的心底迴盪至今，原來，藝術的表達可以是這般境界！用平面的色彩，畫出心靈聯想的聲音，這一啟發點燃了許文龍一生對藝術追求的熱情。

最令人意想不到的是，他在初中培養出來的音樂素養及拉小提琴的才藝，對他日後建立奇美王國並成為「壓克力之父」還有著很大的幫助。

「全班最後一名」的領悟

許文龍求學過程中，有一件很有趣的事，至今，他仍津津樂道。

一九四四年，盟軍開始空襲台灣，許文龍附工畢業，有將近一年的時間，半打工、半逃難（空襲），未再升學，隔了一年，又再上台南工業職業學校，現稱高工。

高工的三年，他的成績一直是全班最後一名，班上有二十位同學，他的成績永遠是第二十名，有一次他突然升了一名，以第十九名出現，他自己都嚇了一跳，以為自己進步了，誰知一查，原來是有一位同學轉學了。不過，許文龍還是沒有將真相全部告訴他母親，他只說出讓他母親高興的進步一名，第十九名，而未說出有人轉學之事。

老是全班倒數第一名的成績，也讓許文龍領悟了一些看法：

一、數字是騙人的，以後要注意數字背後的真相，那才是事情的重點。

二、成績是全班最後一名，且又不會留級，是一件不簡單的事，他相信，考第一名是一定要很辛苦努力才行，而他認為那麼辛苦去換個第一的虛名，根本不值得，重要的是學到東西。

由於許文龍的這種觀念，使得他關心兒子的成績時，每回都是只問：「有沒有留級？」他兒子被問得相當不解，別人的爸爸問的是「第幾名」，自己的老爸卻永遠只問「會不會留級」。附工畢業後，許文龍根本不想繼續升學，一心只想做生意賺錢。

然而，一方面考慮到將來討老婆，怕學歷太低媒人不好提親；另一方面，日治時代台南的一流學校——台南工業學校，因為光復後的時境變遷，連著兩次招生，竟然招考不到學生，許文龍只參加「報名」，就順利入學了。

入學之前，許文龍即聽到風聲，台南工業學校的學生動不動就「罷課」，他內心暗喜不已，以後可以經常「名正言順」地不上學了。不過，許文龍從入學的第一天到畢業的最後一天，學校居然都沒發生罷課事件，令他相當失望。

許文龍的求學過程，「小學高等科」是最精彩的開竅期，附工則是「實作」的吸收期，高工反而是混文憑及組樂團玩樂器的輕狂年少之開放期。

許文龍自認為受惠最多的是附工的實作教育。

實際作業的「黑手教育」

附工的開學典禮上，當時校長的一席話令許文龍印象深刻，至今難忘。

校長在台上很明確地指出，成績好的學生都到別的學校去了，你們都是人家不要的才會來這所學校，優秀學生都希望將來是設計人才，是坐辦公室，而不是當「工頭」、做「黑手」，既然各位的成績不出色，腦筋可能也不如人，因此，要培養其他比人強的才能，這些其他才能就是「耐心」及「耐力」。

校長的觀念很落實地執行，首先，學校要求學生練習長跑，每月測驗萬米長跑成績，以此訓練來確定他們的耐力確實比別人強。接著，校方的課程安排也是「實務」多過「理論」。所有課程中，只有四分之一是學科，從課本上學習；其餘四分之三全部在工廠現場操作，車床、鉗工、翻砂、作圖、打鐵等，完全在現場實際作業。

這種「實際作業」佔四分之三的「黑手」教育，讓許文龍日後在所有旗下工廠建廠及工地實際監督上，有很大幫助。當年校長的觀念中，還強調了「工業人才」的重要，這位校長認為，日後台灣的工業要起飛，最需要的就是工業人才，而工業人才中最重要的一環是「工頭」。

「工頭」是結合現場與理論的執行者，工頭要比「學徒」、「土師仔」還強，要能看得懂設計圖，並能在現場做技術指導，要有基礎概念。

扎實功夫現學現賣

許文龍所受的「工頭」教育，使僅十七、八歲的他，即憑自己學來的扎實功夫，在校外賺錢，不僅收穫很大，且增強了信心，其中，單是車床複製成品，他就接了不少訂單。

他的姐夫有一大串公務用的重要鑰匙，生怕遺失，且只有一套也不夠用，希望許文龍能複製幾套。許文龍以自己的土方法，先將銅條折彎，弄出一凹槽，再加以仔細「磨」仿，竟然真的複製出一模一樣的一套鑰匙，令他姐夫高興不已，同時，也為自己賺了第一份外快。

此外，有位耳鼻喉科醫生，由於戰時，醫療用具進口不易，買不到耳科手術用的小刀，以僅剩的一把舊刀，要許文龍依樣複製。許文龍不出幾天，即複製出一把看起來完全一樣的成品。當醫生接過那把「新」刀，高興得一再握著許文龍的手不斷道謝，直說那把舊刀是最後一支，新貨不知在何處，倘若沒有刀子，他的飯碗就要砸一半了。後來醫生使用過後，又下訂單，多追加了兩把。

許文龍以這種「現學現賣」的方式，既賺了外快，更奠定了工頭教育的扎根性。一九九二年，許文龍赴大陸考察時，六十五歲的他，當場還露了一手「車床」功夫，令大陸廠商看得咋舌不已，確信這位聞名世界ＡＢＳ工廠老闆的事業，不是憑機運得來的，而是一步一腳印地下過苦功夫，扎扎實實走出今天占有舉足輕重的局面。

3 書包的啟示

在整個求學過程中，許文龍最感到驕傲的，不是哪一次考試成績，或是哪一次車床成品，還是賺了多少外快，而是他個人獨到的「合理化」運動。

當年，只要是學生，都是規規矩矩地背書包上學，再背書包放學回家。許文龍卻發現，他的書包背回家之後，從來也沒有打開過，隔天原封不動的背著又上學，書包每天未曾動過地背來背去，如此重複這一「手續」，他覺得相當多餘。當他發現這一個「不合理」的現象後，他斷然決定，以後書包都留在學校教室裡，人回家就好了。

試行了這個「合理化」運動兩、三天後，許文龍確定沒有什麼不良反應或後遺症，此後，他就大膽地每天只拎著一只「飯盒」上學，下午再拎著空便當盒回家。這個「合理化」運動帶給他很大便利，只偶爾有一、二件小麻煩。其一，親朋好友看他只帶便當出門，以為他是去上班，紛紛關心地向其母親詢問，令他母親不知如何回答才好；其二，有一回學校搬動教室，他事先不知情，把書包弄丟了。

許文龍將這合理化觀念，在日後經營企業時，發揮得無懈可擊，全工廠所有作業流程一定以最合理的方式追求最大的經驗效率，連作業員搬拿物件的動作，都要找不出不必要的多餘動作，以減輕人員的工作量。

實施「一價制」政策

以奇美實業近百萬噸的ＡＢＳ產能，卻只有二十個不到的營業人員在銷售，即是許文龍獨創的「價格合理化」最淋漓盡致的表現。

許文龍將公司所有產品價格，公開刊登於報紙上，讓所有客戶統統依照這套公開價格自行下訂單，大小訂單同一價格，毫無議價空間。這套價格公布法，不僅令國內廠商不解，連奇美實業的主要外國廠商，也十分不相信。

許文龍則以一位下游大老闆談話的小故事，來說明價格單一透明化的合理性。

許文龍說，有位大買主向他表示，你們的價格這麼單一透明，起初我很不能適應，但是時間一久，我反而最放心，不必擔心底下採購人員拿佣金，殺暗盤，為了個人私心，而左右公司的合理採購目標。

大公司的老闆內心清楚，自己公司的採購量大，訂單隨便一下，都能令賣方動容。自然而然地，要求議價或降價是跑不掉的一道手續，而這道手續卻暗藏玄機，採購人員暗中留一手，做為自己的佣金、回扣是大家習以為常的商場慣例，有時候還會因佣金、回扣談不攏，採購人員硬是將訂單下給較貴或較不實惠的廠商。

從這位大買主的談話心聲，可以明顯地看出，議價空間往往是手下的貪污空間。而許文龍更曾經見識過貪污的可怕。

先承攬後設廠

許文龍學校一畢業，即承包了一宗梳板生意。當時一九四六年，台灣大宗包裝以麻袋為主，位於台南的新生製麻廠在日本戰敗撤退之後，生產用的工具梳板供應上發生問題。

許文龍的姐夫得知此一情形，又深信許文龍有「什麼都能複製」的神奇本事，乃介紹他出面承包該梳板，以利將原麻梳成粗紗。一向膽子大、有自信的許文龍，看了看梳板，連自己的工廠在哪裡都還不知道，就滿口答應沒問題，而攬下這宗生意。

接下訂單，許文龍才開始回來設「工廠」，到底要設在什麼地方、鑽台要去哪裡買？馬達、皮帶、工具刀等連個著落都沒有，更離譜的是，許文龍開始四處奔波，有的工具是在廢物堆翻找到的，有的是勉強湊合著用，又緊急雇用了兩名工人幫他生產，才附工畢業，十八歲的他已當起老闆來了，而第一批貨品還很順利地如期交貨。

交貨之後，過了兩天，許文龍前去請款，才知道「大公司」的規矩是，貨由現場驗收合格簽字，才能請款，糟糕的是，他那批貨經現場驗收並不合格。許文龍當場傻住，投下了張羅半天才有的資金，竟然做出一堆不合格的梳板，豈不是要血本無歸。

見識「貪污」的可怕

許文龍的機智讓他略一定神之後，即改口向現場驗收的工頭表示，退貨沒有關係，但能不能讓他知道該如何改進，最好是晚上工頭下班之後，他想登門請益，免得占用他上班時間，工頭點頭應允。

當天晚上，許文龍立刻備了厚禮，按著工頭給他的地址，登門求教。工頭見此年輕人言語誠懇，又初入社會，也很有心幫忙，乃替他出點子。工頭指出，因為梳板全是木製的，鑽孔不能全面吻合也沒有關係，木板本身有彈性，只要鎖死一個孔，其他的以螺絲硬鎖上，還是可行的。工頭並很善意地提醒他，要再「拜訪」另一位工頭才行。

許文龍依言照做，果然順利驗收通過，可以如數請款。許文龍滿心歡喜地前去領款，當他在請款單上簽收時，卻整個人都涼了下來，他以為自己眼花了，再看一次，真的沒錯，報價單上是以每片二百二十元成交。

當時一片梳板的造價是二十多元，而售價高達四十五元，賣一片便賺一片的高利潤，早已令許文龍竊喜不已了，他萬萬沒有想到，他每片實收四十五元，而每片溢領的一百七十五元都是要交給採購人員當「回扣」。

一百七十五元，在當時是一個領薪階級一個月的薪水，此時許文龍才恍然大悟，為什麼他每天都看到那些採購人員在外面喝酒，有時候，自己姐夫也跟著一起應酬。這個經驗，讓十八歲的許文龍深刻體認到貪污的可怕；因此奇美實業中，絕不准有任何貪污。

「合理化」是用來興利，「無貪污」是用來防弊，這兩點奇美實業都做到了百分之百。

4 文化企業家揚名國際

綜觀許文龍的求學過程，可以驗證出：「實踐」真是檢驗真理的唯一辦法。

工頭教育使許文龍凡事以實務、實作去了解，去檢驗學校教的實不實用，例如不背書包上、下學，他一有想法，馬上以行動加以檢驗可不可行。因此，對許文龍的作風，更具體的形容是，行動是實踐的唯一辦法，書面的紙上作業他一向興趣不大。

堅持不上市的「行動派」

許文龍的「行動派」作風是公司內上上下下都曉得的，奇美公司資產與營業額早已符合股票上市條件，可是許文龍堅持不上市，原因之一是，他認為一旦股票上市，會影響公司的「行動速度」。

這十年來奇美實業一直在擴建廠房，產能每年以倍數成長，不斷攫取國際市場，每一次的擴建或增產，金額與工程都相當龐大，以美金千萬元為計算單位，但其決策時間，往往僅是重要幹部們一次簡單的開會即作成，常常是早上開會，下午已經著手動工。

有一次最不可思議的建廠行動，甚至是在短短五個月內完成。有不少廠商，別說是建廠，單是「試俥」的時間都不只五個月，而奇美實業不僅在五個月內完成整地、建廠，還通過試俥到投入生產。

其中，至今仍令工作人員記憶猶深的是，那五個月中，下雨天還特別多，也就是說實際工作天數受到老天打折，根本不到五個月。

這種效率是股票上市公司做不到的，單是一個董監事開會議論到決定，往往要好幾個月時間，許文龍曾笑著說：「用那種速度建廠，我的生意都不必做了。」

靠日文造詣蒐集商場情報

「現場實作」、「馬上行動」、「合理化」、「藝術涵養」、「不走偏門（不容貪污）」、「愛好自由」、「充滿自信」等等性格與氣質，在求學過程與初入社會那一段時間，一一在許文龍身上萌芽。

除了這些無形的涵養之外，有形的日本教育中，對許文龍影響與幫助最大的，應是他的「日文」。許文龍的日文，幫他踏出台灣「壓克力之父」的第一步，更使他在化粧板上，以日本輸入的印刷技術，像印鈔票般地大發利市。

日文的流利，使他大量吸收日本先進的新知，再加上和日本友人的交往，讓他在國際商場的競爭情報，一直保持同步。第二外國語文對許文龍的幫助，不只是在生意上，連休閒娛樂，許文龍也瀏覽大量的日文書籍。

對歷史相當有興趣的許文龍，研讀「中國近代史」時，除了大陸史家的作品，或是台灣作者的著作之外，還會讀日裔美籍學者以日文撰寫的中國近代史。許文龍認為，作者民族意識過高，會有主觀性，容易傷害歷史的客觀性。他說，作者的身分與感情，往往造成不自覺的主觀，中日戰爭的事實，有時會令日本人不能客觀看待中國近代史，美國人可能客觀一點。

日文的造詣，對許文龍而言，是生活的一部分，也是他經商成功的必要工具之一。

二二八事件影響深遠

一九四七年，台灣發生歷史上的重大事件——二二八慘案。

國民黨血腥屠殺無辜民眾，大量逮捕社會精英，整個台灣進入相當漫長的一段白色恐怖時期。二二八事件初發生時，許文龍一度也想上車隨大家赴外地聲援，不知怎地陰錯陽差，他竟沒搭上，隔了不久，傳回的消息是那一車的人都被殺了！

二二八事件對許文龍的人生影響，至今或多或少仍可感覺得到，其中最明顯的是，他很不喜歡使用國語。他流利的台語、日語與生澀的國語對比之下，成了歷史事件的一種活見證。此外，二二八事件也使得追求自由，崇尚人性且具有經商天賦的許文龍，不作第二打算地走上了作生意這條路。

當年他們全班的畢業生，全被集中作就業訓練，分別安排到台電、公所、台鐵等公家機構上班。最優秀的學生，政府還以專案方式由台電出錢當獎學金，安排繼續到成功大學深造。全班唯一不接受安排，自行創業的就是許文龍一人。

「文化企業家」重歷史教訓

二二八事變前後，除了政治屠殺之外，台灣還慘遭了一次少見的通貨膨脹之洗劫。所有的貨幣，一下子之間變得很不值錢，早上的貨，到了下午，成了兩倍的價，百姓上銀行提錢，用的「工具」愈來愈大，先是小袋子換成大袋子，最後，則是出動推車才能搬回足夠貨幣回家，最慘的是，推車回家的路上，幣值貶的速度，加上物價漲的速度，快過人們推車走路的速度。

許文龍至今仍質疑那一場經濟浩劫之起因。他曾對員工表示，公司作錯事，咱們都會開會檢討，為什麼出現了這麼嚴重的人為災害，迄今沒看到任何探究的文章或論文。

歷史的教訓，許文龍一向很重視。他個人對歷史的造詣，在台灣企業家中是少見的，李登輝總統曾對他說：「我是文化總統，你是文化企業家。」文化二字加冠在許文龍身上，是歷史內涵的衍生。

「奇美」的由來

高工畢業，經過政治的慘劇與經濟的洗劫，許文龍一家人在台南市盛場市場（即現今之沙卡里巴）買了一攤位，經營童裝生意。

許文龍的父親許樹河一生落拓，但是飽讀詩書，對文字相當講究，造化弄人的是，他永遠也想不到，他生前命名的「奇美」，竟能由兒子許文龍發揚光大到國際聞名，且實力威震海內外。

許樹河主張商品一定要「美」且「奇」，所以童裝店命名為「奇美行」。

這是「奇美」二字的由來，當年創業是一九五〇年代，到了一九九〇年代，台灣駐英代表戴瑞明則曾被柴契爾夫人問及：「台灣是不是有一個『奇美』公司？」戴瑞明當時不知此公司，日後陪李登輝前總統參觀奇美博物館時，才恍然大悟。

此外，一九九四年美國前總統布希來台訪問，在接受李登輝總統的國宴時，布希指定的「陪賓」，竟是「奇美公司」董事長許文龍。布希的指定原因，據悉是來自布希好友美國阿科石油（ＡＲＣＯ）公司總裁的意思，主要是奇美每年向ＡＲＣＯ購買了二、三億美元的ＳＭ（ＡＢＳ的原料）。奇美在國際商場的實力由此可見一斑。

許文龍回憶，他父親曾說：「小孩子的錢和女人的錢最好賺，女人愛美，花錢不在乎，小孩子可愛，大人會捨得。」這說法似乎很正確，可惜在現實的營運上並不完全如此順利，兩年後許樹河過世，童裝生意也告結束。

一九五一年許文龍開始另一種體驗，充當跑單幫與推銷員的雙重身分，這段生涯的經驗對他而言，也是相當寶貴的。許文龍與他的哥哥許鴻彬二人，南北奔波，自基隆買回舶來品，到台南銷售，單趟車程要十二、三小時，來回一趟，至少一天一夜以上，兄弟二人為了節省開銷，不敢在外投宿過夜，常是一採購完，即又搭車返南，利用車上時間睡覺，既便宜又省事。

有一回，兩兄弟在南下火車的途中，才發現三大包的採購竟忘了一大包，火車一到台南，許鴻彬將那兩大包交給許文龍，他則立刻又跳上北上火車，再搭十二小時的車子，趕回基隆去取遺忘的那一大包採購，易言之，那趟採購，許文龍的哥哥是連續不休息地坐了四趟十二小時的長途火車。

・第二部・

潛龍在地——最佳的環境改造者

5 踏入塑膠業

在這忙碌奔波的時光中，許文龍除了賺到錢之外，也學到了「落差」原理和「耐心」原則。落差原理，許文龍說，地域的差別可以構成物價的差異，這一差異就是落差，人能夠利用「落差」大賺其錢，如現今把貨物運往大陸、非洲等地，就可賺錢一樣。

耐心則是來自客戶的羞辱與刁難而悟出。他記得有一次，背著一大包貨品登門推銷，店主以吃飯為由，要他等一下，這一下他足足等了一個小時，沒想到一小時後店主慢條斯理地剔著牙出來，看了看貨色，不到三十秒就回以：「這些我都不要，你走吧！」店主為什麼不肯先看三十秒再用餐呢？如此欺負人，許文龍內心吶喊道。

另外，有一回他在推銷時，買主正好另有客戶進來，他未暫停讓買主去招呼客戶，即引來買主的勃然大怒，當場給他相當難堪的嚴厲斥責。

這些經驗告訴許文龍：要設法把人家口袋裡的錢掏出來，是一項大學問，非靠耐心不可，做什麼事，缺乏耐心絕對做不成。

也因為有過推銷員的工作經驗，許文龍之後要求奇美的員工，要善待上門的推銷員，就是不買也不要給人難堪。單幫生意的生命期不會太長，當競爭愈來愈激烈，愈來愈難做的時候，許文龍一定率先「轉投資」。

南台灣的商場上有句話說：「統一有賠本的生意，但沒有關門的生意；而奇美是有關門的生意，沒有賠本的生意。」言下之意，統一的生意不怕賠，只要方向正確，用時間慢慢熬，多可做出一片遠景，若輕率關閉結束，既可惜又沒面子。

相對之下，奇美公司則常常結束某項投資的經營，只要一發現此產品的生命期已步入黃昏，即提早作結束的準備。奇美這一理念，應是來自董事長許文龍年輕時的經商背景。

代工生涯

許文龍感覺到跑單幫的利潤一日不如一日時，即與朋友另外合夥，做起電木生意，賺頭不大，沒多久又改做腰帶，當時俗稱「原子皮帶」。這是許文龍與塑膠生意的第一次接觸，以ＰＣＶ和ＰＳ加工為主。

因ＰＳ的皮帶頭常斷貨，價錢又高，許文龍心想，何不自己進口原料作皮帶頭，於是託平日進貨的貿易商立人行向香港進口原料，而立人行的商情資訊快又多，他們有心想找許氏兄弟合作。

雙方合作的方式是：立人行出資本，負責買料與賣貨，許文龍負責提供技術，負責生產，是廠長，也是「包頭」。包頭制度是一種襲用已久的包工制度，以生產量來計算酬金，雇工和發放工資全由包頭負責。

此一合作方式，許文龍兄弟看法不一。許文龍不信任立人行，他主張沒本錢有沒本錢的作法，不必受制於人，許文龍的哥哥許鴻彬則不是如此想，他認為別人出資，且包原料、包銷售，我們全不必煩惱，又有安定的包銀收入，何樂不為？

許文龍勉為其難地接受了哥哥的主張，雙方合開「美信塑膠廠」，時為一九五〇年。一開始時，雙方很愉快，業務成長迅速，銀子大把大把地賺進，此一行業中的老店「福三行」，沒多久就被美信超越了。但是，許文龍的能力太強與對方的不知善待，反為雙方的合作埋下分道揚鑣的伏筆。

做得愈多，賺得愈少

開工初期，一分鐘大概只能射出一、二模扣子的射出機，許文龍提升工廠工作效率的高明手法，早在此時即已展現。他先將「立式」改為「橫式」，如此一來，一次

一、二模變成一次七、八模，不過，立式與橫式都是手動式。

後來，立人行見到英國WINDSOR有了半自動射出機之介紹型錄，問許文龍能否操作，全是英文的說明，許文龍一字也看不懂。但深諳機械原理的他，還是自信滿滿地購入半自動機器，不用受訓，無外國技師指導，即一手運作起全台第一台半自動射出機，甚至，日後的維修也全部自己來。

許文龍對工廠生產效率的能力，幾十年來一直精益求精，今日的奇美奇蹟，這份功力是一大要件。

錯誤的合夥制度

然而，開發產品與提升產量對許文龍而言，不是收入的增加，反而是收入的減少。原來立人行看到生產量一直增加，就要求削減單位加工費用，這種要求是符合商場的習慣，即以量制價。但問題是，雙方合夥之下，應以總利潤來決定技術者的工錢單價，而不是以製造數量之多寡來決定。再者，付給工人的工資是不能減的，且須隨物價成長增加，因為那是工作者的生活費。

在這種錯誤的合夥制度運作下，第一年許文龍還有賺頭，第二年即已陷入收支勉強打平，第三年更是成了「許文龍欠美信的錢」。這現象嚇了許文龍一大跳，他與兄長盤算一番，決定結束美信的合作。自己出來創業，可能會餓死，但繼續與立人行合作則一定餓死，寧「可能」餓死，也不可「一定」餓死。

三年的合夥關係結束，許氏兄弟決心自己創業，不再走「代工」路線。

塑膠產品在當時，不再是高利潤的產品，單是台南市一地，即有一、二十家，大家認為黃金時期已過，但許文龍一番分析，他認為比起其他行業，還是大有可為的。

6 啼聲初試

一九五三年「奇美實業」（塑膠廠）登記成立，資本額兩萬元，廠址設在台南市和平街，只有八坪大。代表人登記是許文龍。

這八坪大的戰場，對開始獨立自己當老闆的許氏兄弟而言，是一大契機。它告別了昔日「跑單幫」、「合夥生意被吃」的陰影，它是一個新的出發，這一出發對許文龍而言，是大展身手的絕妙良機。

事實上，他不但在此一戰場使出渾身解數，甚至還悟出「假墓策略」，並在「水壺戰役」中大獲全勝。比較可惜的是，奇美在塑膠這一戰場中，樹大分枝的效應也在許氏兄弟二人身上慢慢浮現。

先做朋友再談工作

許文龍之所以分析塑膠業還可以投入的理由是，他閱讀了大量有關塑膠技術的日文書籍雜誌，他發現塑膠種類之多，用途之廣、超乎想像，發展空間絕對還很大。事業難做與否，完全看個人的作為。

奇美實業的產品以塑膠玩具、水壺等日用雜貨為主。在這一階段，塑膠加工技術，舉凡射出、吹型、押出、壓縮等，許文龍一一經歷，這些經驗對他日後的ＡＢＳ王國有不少很實際的參考價值。

塑膠製品的品質好壞，以及新產品開發的快慢，其關鍵全在「模子」。模子在當時要配合鐵工廠的手工，許文龍本人是翻製模型的高手，但沒有鐵工廠的合作，模子做不出來。當時鐵工廠的人一向不守信用，每次問他們，什麼時候可以完工交貨？他們的答案永遠一樣：「明天就可以好了！」十個明天以後再去，模子還是擺著沒完工。這種現象對許文龍而言，他看到了樂觀的一面。他想，如果每個客戶他們都是明天才能好，那表示「延誤」是正常的，反過來看，他們如果只為我趕工，而延誤了別人，對別人而言，也是稀鬆平常，不足為奇。

想通這一點，許文龍每次上鐵工廠，不再以催趕為主，而是以套交情為主，用感情籠絡，讓鐵工廠的工人只要看到他的模子，就自動趕工。

「假墓策略」橫掃市場

在塑膠玩具開發方面，因許文龍開模快，點子多，可謂是連戰皆捷。他曾為了找尋玩具新模型，而買通美軍宿舍的鄰近住戶或清潔工，只要有美軍丟棄不要的洋娃娃，撿來賣給他，他一律高價收購。這種直接以美國本土最暢銷的洋娃娃來仿製的成品，一度在國內風行一時。

然而，你能仿製別人的成品，別人也一樣能仿製你的。這個問題一直困擾著許文龍。

有一天他陪母親去掃墓，無意間看到有人為了占有好風水，事先做個「假墓」在上面占著，這是鄉下常見的習俗。但對渾身上下全是商業慧根的許文龍而言，其啟示可是不只如此。他心想，將來有好產品要推出，不可只推「單一」產品，要推出「系列」產品，單一產品別人容易仿冒，別人只要開一個模就能吃定我們，若推出「系列」產品，則仿冒者無從下手，他們不知哪一個模最具仿冒價值。

以「假墓策略」出擊，讓許文龍在隨後的「水壺」市場上大軍揮進，如入無人之境般在三個月內吃下了全省塑膠水壺的市場，因為，只有他的尺寸最齊全，小如兒童玩具，大如軍用水壺，他一應俱全，別人連碰都不敢碰。

事後，許文龍回憶他人生這一段戰績，他認為成功的原因有二：一是新產品的開發，正確又快速；另一是「台北地區的銷售順利」。

當年奇美實業的產品，在台北委由程榮文先生代銷，當時台南市的塑膠工廠雖多，卻無人上台北打市場，因此這一步棋下得很好。程榮文是許鴻彬的同學，因代理奇美之北部銷售業務出色，而成為日後奇美實業的股東之一。

「換模子」的日後效應

開發模子是許文龍的專長，換模子生產，他也是一把好手，有時一天可以換兩、三個模子，這在今日看來，是完全不可能的事，因為換模子的過程吃力且難做，工人多不願從事。

許文龍的哥哥許鴻彬在外開發業務，常應客戶要求而希望許文龍換模子生產，以應付客人需要。許文龍總是覺得：客人是該尊重，但也要教育他們，不能一味地依客人要求，換模子的工夫與成本，要告訴客人由他們自行吸收。

但許鴻彬聽不下這些道理。

許文龍曾經為了換模子而痛苦不已，暗自發誓：「這輩子不再從事任何和模子有關的生意了！」事實上，這一不愉快的感受，日後是發揮了作用，而具體出現在奇美ＡＢＳ王國上。

奇美後來在生產ＡＢＳ時，即是以「單一」、「大量」為主，相對於日本廠商的生產方式是「多樣」且「少量」。兩種不同作法，沒多久即比出高下。

奇美這種作法，才有可能以大量經濟規模的生產來不斷降價，降得全世界的ＡＢＳ工廠都打不過他。相形之下，日本的「多樣」和「少量」，在最近這幾年即不斷退縮，無法繼續應戰。

7 自立門戶

一九五五年，才兩年的時間，奇美實業已要擴廠了，八坪大的基地容不下許文龍的啼聲初試。工廠遷往長樂街，買下一家經營不善倒閉的鐵工廠，基地有一百坪，設備也增加了。

不斷被要求「換模子」的苦惱，是許文龍與兄長之間難以溝通的開始，個性、才華的差異，才是樹大分枝的壓力源頭。

許文龍一向愛好自由，不喜受束縛，他想多做實驗，多嘗試化學的領域。許鴻彬則正好相反，喜歡按部就班，不必要的冒險或挑戰，能避免就避免，塑膠生意已經作得很順了，為什麼還要實驗、嘗試別的呢？在他看來，這是自找麻煩且不必要。

意識型態不同發生在親情身上，一向是最傷人的。古云：「父子相責義，賊恩之大。」以義字在父親與兒子之間相責，是對恩情親情莫大的傷害，義是沒有絕對定義的，正如未來該如何發展或冒險，也是沒有絕對正確的答案。許氏兩兄弟認知上的分歧，將兩人的心情都罩上了隱憂。其中，許文龍是身心同時有憂。

身心俱疲被中淚

許文龍自二十多歲開始，即一直有肺癆，最嚴重時可達第二期的程度，肺部可從X光片看到洞，人一遇寒流就感冒，一感冒非連著發燒兩、三週不退，一個月下來，能當個十天正常人就很謝天謝地了。

這時候，體弱招來死亡的陰影一直籠罩著他，揮也揮不去，縱有豪情萬丈的偉大計畫，只要一聽到自己的呼吸，一用到自己的體力，渙散的力氣與發燒的體溫，結成迷惘的思緒，鬥志更成了抓不到的幻影。

而在心理上，面對自己心愛的興趣與敬愛的大哥彼此對立，一而再努力的化解與說服，卻衍成一而再的誤解與難言。有時忍不住自怨自棄地嘆氣，但隨之而起的又是一份年少情長的不甘。

理想、親情、生命，三者之間，似有似無、似實似虛、似是似錯、似真似幻、似應似不應，整個人在煎熬中是堅持？或放任聽命？他在幾十年後很感性地透露，半夜忍不住，窩在棉被中哭泣是常用的辦法。

殘胞的啟發

這份苦悶，直到有一天看到一位殘障人士上廁所，才豁然開朗。

許文龍印象深刻地說，在當時，他曾見到一位兩腳全無的人，想上路邊的公廁。他心裡很好奇地站在一邊觀看，同時想著：「此人兩腳全無，是要如何上階梯？又要如何方便呢？」沒想到，這位殘障人士以兩手撐地，一手一步地蹬上階梯進入廁所，過沒多久，又是兩手一踏一踏地走下階梯。

這前後大約有十多分鐘，許文龍一直很耐心地守著看那過程。最讓他吃驚訝異的是，這位殘胞的臉上，充滿了自信，一點自怨自艾的表情也沒有。許文龍直視著這位少了雙腿的人士，以手代腳走出茅坑，走回其「住處」。看了那「住處」一眼，許文龍心頭一震，在兩堆破紙箱中，以一大麻袋當簾子遮風避雨，那就是這位殘胞的「家」！

許文龍低頭一想，我四肢健全的人，又有個溫暖的家，家中雖不是很富有，但和他一比，我還有什麼好埋怨的呢？籠罩心中多時的陰霾頓時一掃而空，他決定再出發，決定以自己的方式打拚出一番局面。

樹下老人的智慧

往後的一段日子，他試著作尿素接著劑，又試著作烤漆，不過多不理想。

這段衝衝闖闖的歲月是沒弄出什麼名堂，不過也沒有交白卷，他得到兩個啟示。第一，情報的蒐集要在事先做好，否則事倍功半，不曉得會浪費多少時間與金錢。第二，作烤漆生意時，兩位不同的買主，其處事用人的方式，讓他印象深刻。這兩位買主，一位是住在青年路林姓望族之後，自日本留學回來，做事認真，勤快努力；另一位是住在公園路旁，每次去找都找不到人，都在公園樹下泡茶。

令許文龍不解的是，老在泡茶的這位，貨愈叫愈多，且理帳明快，每次碰面總是喃喃自語般地念道：「作生意不必做得這麼辛苦，來！來！泡杯茶喝喝吧！」許文龍問他，生意是怎麼經營的，能這麼輕鬆，他答以：「我什麼都不懂，所以，就全交給師傅們發落，我只負責按成品抽成，享受現成的好處啊！」

反觀青年路的林姓負責人，貨愈叫愈少，且每次去都聽到他在埋怨工頭、師傅們，不肯聽話，和他配合不來！許文龍接受樹下老人的這一課，讓他永生難忘，知人善任的妙用竟是這般無窮盡，不但可為自己賺進金錢，還可為自己闢出人生最寶貴的空閒時間。

「點菜」銷售學

奇美實業的「用人」境界，有著樹下老人的智慧。

至今，許文龍每週只上一天班，他固定在週一進公司，聽簡報、作決策，全在一天的時間內完成，剩下來的六天，他大部分時間在釣魚，這情形有不少國內大企業的老闆很不相信，但這確是事實。

他不但要自己有空閒時間，他還要求手下也要有空閒時間。早在一九八八年，他就下令奇美實業所有從業員要週休二日，自一九八八年開始迄今，奇美的員工一直是每週只工作五天！

許文龍曾笑著說，因為自己早年得過肺癆，體力非常差，作任何事情都用腦筋在想，怎樣才能省力，久了成習慣，工廠生產線上的每一環節，也就會很自然地用心去想，怎麼做才最省人力！對許文龍而言，連生病都是一種良性啟示！

上餐廳點菜，掌櫃告訴他，菜夠了，不夠再叫，這般常見的招呼手法，他一聽，立刻靈機一動，他的業務人員也該如此，拜訪客戶不是叫客戶「多叫貨」，而是去幫忙盤點客戶有沒有叫太多貨？若已太多，就主動要求客戶停止叫貨。

這種親切的手法，讓奇美的業務在同業之間所向披靡，業務人員更是因之而提升自己的功能，不再是將自己的功能局限在「業績」的壓力下，反而以提供客戶（買方）最近市場情報為主題，而能受歡迎地四處走訪。

從生活中找啟示，早在「假墓策略」時即可看到，此後，樹下老人的聊天，餐廳掌櫃的點菜招呼技巧等平日生活中稀鬆平常的小事，微不足道的對話，對許文龍而言，可是處處禪理與商機。

8 「壓克力之父」美名揚

一九五七年，許文龍的機會來了！一心求變的許文龍接觸到他想要的東西。在群體生活下，人的優點有時會成為負擔，缺點有時反而成為個人福利。許文龍在一九五七年以前，他的優點往往陷他於痛苦。

自謂環境改造者

他能不斷地提高生產效率，結果效率的提升，卻招來合夥立人行的不合理削價，扣減其應得之承包工錢。他能快速更換塑膠模具，以利市場產品的決戰，這般手腳俐落的功夫，卻換來他大哥不斷輕易應允廠商的不合理要求。

他不可能改變自己的優點。他只好尋求環境的改變。

三、四十年後，他成為世界級超大型工廠之董事長時他自詡：「我不是一個良好的操作者，但我是一個很好的環境改造者！」這句話一點也不誇張。奇美公司的員工福利與良好的工作條件，是國內一致公認的。

不碎玻璃如獲至寶

年少、有衝勁、有自信，讓許文龍在三十歲的時候，就為自己創造出一個真正屬於自己的天地。

在一九五七年之前，許文龍就一直在找自己的出路。一者，他不滿足於奇美實業塑膠玩具的小格局，為了一間小工廠將他整天的時間綁死，他不喜歡；二者，他覺得樹大分枝是必要的，他想將已上軌道的公司整個交給大哥，自己再去闖一番大局面。

一九五七年中國生產力中心在台南舉辦「不碎玻璃講習會」，台南區服務處也在此時成立。許文龍見此一產品如獲至寶，立刻著手蒐集資料。

行動快、在適當的時機，找出適當的人士來集思廣益，是許文龍做事的特色。

台灣早期研究化學的人才全在台糖試驗所，台糖企圖從大量的蔗渣中找出可供利用之化學品。許文龍找到台糖試驗所的研究員許瑞後，來當自己的顧問。許瑞後建議他先從廢品回收作起，效果不錯，再開始嘗試原料的試作。

壓克力這三字在當時還沒誕生，它被稱為「不碎玻璃」，壓克力三字是奇美公司向中央標準局登記的商標名稱，在此之前，壓克力只有學名叫「甲基丙烯酸甲酯」樹脂。

這一產品最早是以甲基丙烯酸乙酯與低級丙烯酸酯類一起注入，在兩片無機玻璃中間進行熱聚合，製成一種安全玻璃使用。後來又發現，把甲基丙烯酸甲酯（簡稱MMA）放在兩片無機玻璃中間聚合之後剝離下來，就可以得到透明度很好的塑膠板。

美國的羅門‧哈斯是第一家工業規模大量生產的工廠。日本在一九三七年試製成功，並大量提供給軍方當飛機之擋風玻璃，民間則尚無市場。

二次大戰結束後，生產幾乎停止，待其經濟情勢慢慢穩定之後，民間需求量才慢慢出現，到一九五四年時，產量已超過戰時。

至於台灣，則完全尚未進入市面，從一九五九年六月一日出版的《生產力》月刊第三卷第六期中，一段有關問答可以大略看出：

問：日文アクリール（樹脂）之中英名是什麼？於本省是否有廠商製造，應向何處購買？其製造方法複雜或簡單？

答：送來之樣品係ACRYL樹脂。日文アクリール（樹脂），中文普通稱「不碎玻璃」。此物本省尚無廠商製造出賣，惟台中市航空研究院以小規模製造供應自家之用，但一定需要時，可備文申請購買小量。國外廠商為ROHM&HASS（代理商為台北市中正路一七五六號青象貿易公司），及日本三菱（代表為台北市延平南路三菱商事株式會社台北支店)。

製造此物質需高度化學知識，不便簡單地在紙面答覆。

開發過程備嘗艱辛

依生產力中心的報導，一九五九年時台灣除了航空研究所有小規模製造外，民間無人生產，不過，也有人注意到了！

其實在此之前，許文龍已經找了人自己摸索，並實驗出一片五公分大小的成品了！五公分的成品，與大片多量的生產，是不可同日而語，不過許文龍已相當有信心，自認為可以當商品開發成功。

當時共同實驗開發的夥伴是：吳明雄、陳格、楊順記、宋弘次等人。據他們幾位前輩的回憶，開發過程的辛苦可是筆墨難以形容，其中些許小故事或許可讓人隱約設想當時情景：

——用玻璃組型，卻一天到晚打破，二尺長三尺半寬的玻璃，台南市一度缺貨，全給他們實驗用光了。宋弘次曾因玻璃破得不像話而不想幹了，此外，他們更自備玻璃刀，修整破玻璃，多少退些貨，貼補損失。

——克難式的工廠，由於場地太窄，每次搬運實驗品都要以標準動作、標準路線來操作，才不會相撞。

——每日的工作，從早上六點開始，陳格燒開水，宋弘次開電源以便熱反應，接著將冰店送來的冰塊打碎，用以冷卻，一天的工作就是如此展開。

——板的厚度以「人測」為主，瞇著眼睛，用手測用心聽，一個不靈光，則跑出來的有些薄如紙，有些卻又厚如牆。

他們一群人一股腦地投入，完全沒想到，壓克力會在如此簡陋的條件下，在他們手上誕生了！

台灣壓克力坎坷路

人生機會的來臨，有時就像西諺所云：「機會的前額有毛，後腦沒有毛。」一旦機會迎面而來時，你沒有當場（面）抓住，等到擦身而過，你再出手去抓，後腦已是空無一物可抓。許文龍於一九五七年結婚，這時候他還在台南市長樂街實驗開發壓克力，而他的連襟趙炳煌則在台灣日光燈公司服務，擔任策畫性工作。

湊巧的是，台灣日光燈公司正考慮大量採用壓克力！許文龍告訴趙炳煌，他正在開發此一產品。趙炳煌問許文龍：「能不能生產並供貨？」

許文龍尚在實驗，連工廠都沒有，卻滿口答應：「沒有問題！」

趙炳煌半信半疑，又追加一句：「真能生產供貨，可是要成立合約，並訂明違約的罰款喔！」

許文龍爽快地應允：「簽約就簽約，若不能依約就是該罰！」

趙炳煌聞言，乃將壓克力板的用途設計在台北市台泥大樓的施工圖中，台灣日光燈公司並與許文龍簽訂合約。未滿二十歲之前，許文龍就有過一次經驗，在承包製梳廠的梳板訂單時，也是連工廠都沒有，就先接下訂單再設廠，此次，他依舊如是，壓克力的商業量產，他連工廠都沒有，即一口氣接下五百公斤產量的訂單！

這份膽識，不是一般人可比。

只因許文龍相信壓克力樹脂會成為大型商品，他要讓自己以最快的速度進入這一市場，掌握這一市場，這種感覺與作風在ＡＢＳ時，再展一次雄風，並將他推上世界級寶座。而這一次則是為他在歷史上爭得了「台灣壓克力之父」的美名。

東渡扶桑取經

許文龍與台灣日光燈公司的合約是，由台灣日光燈供應原料，許文龍負責聚合成板。據他事後回憶，一承包之後，才發現事情不是這麼簡單，不斷打破玻璃，幸賴找到強化玻璃才解決，但是因不知有ＯＰＡＬ助劑可使用（該助劑可分散在壓克力板裡面，使成為全片乳白板，可透光卻不透視，以符合日光燈罩的光學特性），使得製出來的壓克力板一罩，還可清楚的看到裡頭的燈管。一見此景，他心都打了冷顫，花費了無數心血，遭受了無數的艱難，得到的評語卻是：「產品不佳。」

許文龍很清楚地意識到，土法煉製是不行的了。他下定決心，要渡海去扶桑一趟，到三菱縲縈（Rayon）公司去學習壓克力板的製造，尤其是乳白板的製作。

在出發之前，他作了相當周全的準備。首先，他為自己準備了三種不同身分的名片，第一種名片是台灣日光燈公司的員工身分，第二種名片是奇美實業的身分，第三種名片則是貿易商的身分。三種身分交替使用，絕對有助於「學習機會」的交涉與談判。再說，他確也與此三種身分多少有關，雖不是台灣日光燈的員工，但也與台灣日光燈訂有合作生產壓克力板的合約。

智勝三菱

同時，為突破三菱縲縈公司閉鎖性很強的心防，他又非常技巧地以私人關係設計了兩封信函，以取得三菱的信任與順利接觸之機會。

第一封信是用台灣日光燈公司的信紙打字，但卻沒有公司印章，只有主辦業務人員的私章，信函的大意是：

一、為使用由貴公司（三菱）購買的ＭＭＡ單體製造壓克力板原料，請在不妨害貴公司業務機密的範圍內，以圖示方法說明所需的裝置及其操作方法。

二、利用貴公司供應之ＭＭＡ試作生產，但仍有諸多技術問題無法解決等等。

三、請惠知真珠箔板之生產裝置（此一製品用以生產鈕扣，奇美全省首先引入，並賺得不少利潤）。

四、請輔導鈕扣胚粒製造方法。

五、請介紹有關壓克力的參考書籍。

三菱縲縈公司對此信函是必然起疑的，於是透過三菱商事台北支店查詢與求證。一等到台北支店有所求證，許文龍即可讓其連襟趙炳煌以台灣日光燈公司的名義正式發函說明。

第二封正式函由許文龍用心構思，在內容上處處留伏筆，卻又看來面面俱到。信中主要說明壓克力板進口稅太高，台灣勢必早日國產化，而台灣日光燈公司正與奇美實業合作開發，將來如果開發成功，可能採與其他事業合作經營方式。

此函暗示三菱縲縈公司，彼此合作空間很大，原料的供應市場看好，且奇美確與我有合作及開發能力等。

三菱縲縈公司的疑慮至此去了大半。

技術攻防戰

許文龍一到日本，就和三菱縲縈公司展開買賣談判，許文龍是以「買方」身分出現，同時，要求了解商品（原料）的技術服務，並參觀一下賣方工廠。

這一要求，足足談判了近一個月才有結論，雙方並簽定買賣合約，雙方約定如下：

一、奇美每月須向三菱購買一噸半的MMA單體原料（一九九五年，奇美MMA用量成長至每月逾六千噸）。

二、三年內必須購買兩噸的助劑（OPAL）。

三、三菱提供助劑添加量標準表及製造作業標準等書面性資料十三張。

許文龍可以參觀「研究室」，但不可進入工廠。

但是，三菱這種處理態度，是不合理的。

其一：買方向賣方購入原料，賣方本就有生產上的協助義務，壓克力的原料與助劑全向三菱買，三菱卻不協助奇美排除生產上之困難。

其二：許文龍為求順利取得技術，克服障礙，在價錢上幾乎完全不討價還價。

當時，MMA一公斤售美金三點六元，OPAL一公斤售四點五美元，這價格折合當時物價，是工人一個月的薪資。就算是如此，三菱還是對許文龍戒備森嚴，堅持只讓他看研究室，不讓他參觀工廠。

小提琴奇效

人的運氣與才華，是相加相乘的。許文龍作夢都沒想到，高工時代學的小提琴，在日本求教壓克力生產祕訣時，發揮了意想不到的奇效。當許文龍參觀研究室時，有三菱縲縈公司的藤井部長作陪，二人相談甚歡，並相約到藤井家作客。

藤井本人喜愛音樂，兒子也正在學小提琴，許文龍到他家作客時，聊及這一共同興趣，不但樂典、酒典、談典全加在一起，許文龍還擔起義務家教，教藤井的公子拉一兩首小提琴。

藤井與許文龍的音樂之交，透過酒力，讓許文龍帶著幾分抱怨地說出心聲——他想參觀工廠。藤井部長在喜獲知音的豪邁心情下，滿口答應，不過，不准帶相機。

許文龍聞言，整個人都清醒了，心臟都快跳出口來，他真不敢相信機運會是在這麼愉快的氣氛下出現。許文龍多年後回想起第二天參觀工廠時，他是恨不得自己有如一部相機，將所見所聞全部攝入腦中。

事實上，他也幾乎做到這一點。當天晚上，他一回到住處，立刻傾全力將白天所見的一點一滴繪成圖形，極盡能事地詳載每一細節。這些圖案，在回台後的建廠發揮了全面性功能。

看了工廠，又學了「助劑」的用法，同時更和三菱簽了合約，許文龍日本之行的目的應是滿分了。但是他並不因此滿足，他認為還有很多事情要做。他內心盤算著，壓克力生產上市之後，產品的加工技術，他也非學不可，不然日後國內市場打開後呈現「有料無工」，一點用處也沒有，他遂四處求教，何處可以學到壓克力成品的加工製造。

再次透過藤井部長的幫忙，他參觀了「伸始工業」，那是一家壓克力加工廠，「伸始工業」一點也不藏私地將基本加工技術展示給許文龍參觀。

在許文龍國內壓克力市場打開之後，為了感謝「伸始工業」，曾多次招待伸始工業老闆來台參觀奇美公司，並暢遊寶島。

許文龍喜用行動來表示自己是念舊與感恩的人，而不喜用言詞來空口說白說，就像他一直念念不忘的初中老師日人大友先生，許文龍不但設法與他聯繫上，並多次招待來台遊玩。

「最壞的打算」賺外快

習得壓克力的加工技術之外，許文龍內心還作「最壞的打算」，萬一壓克力事業未能闖出一番局面，又將該如何是好？

基於此，他也利用在日本的時間，大量涉獵有關「百貨業」與ＰＣＶ的資訊，以求有「轉進」的空間。只因有這一「最壞的打算」，就替許文龍賺了一筆可觀的「外快」。

曾經作過舶來品跑單幫生意的許文龍，在日本與三菱談判的日子中，一到下班時間，就往日本的百貨大盤商溜達，並向他們採購「過季」的領帶、襪子，他深知「流行」的時效：在日本過時，在台灣可還流行，且又是舶來品，肯定帶回台灣可賣好價錢，領帶以一條近一元的價格大量採購，日商還高興他替他們清倉。他一口氣帶回八大箱行李。

出發前，他帶了十萬元新台幣，在當時可買下一棟台南市西門鬧區的房子。回國後，他單是那八箱「舶來品」就賣了二十萬元新台幣。

出國學藝不但分文未花，還倒賺了十萬元的「外快」，這等商人天賦，讓許文龍一生經商只有「大賺」、「小賺」的差別，從未吃過敗戰。不少國內外企業或知名商界人士，常常邀他「投資」別的事業，只因他們相信，有許文龍「投資」的事業一定會賺錢，不過，許文龍對事業的看法，相當講求「專業」與「興趣」。

奇美與壓克力同時誕生

在日本旅居四十多天之後，他的最佳與最壞打算均一一達成。有一天黃昏，他無意中瞥見日本人在家中團聚進餐，心頭一震，才驚覺自己離國多日，乃趕緊束裝返國。

他原企望此次學會，能「獨力」大搞一番。他不想再受制於人，任何人他都不想，即使是親人。雖然他沒有太多的資金，但他一直相信：「資金不是問題，沒錢有沒錢的作法。」

回國門，卻發現「公司」已經籌好在等他，大哥許鴻彬、連襟趙炳煌等人正積極籌畫。經商是不能固執的，改變不了的事實，只有改變自己。許文龍不可能與親人全面決裂，更不能不講情面，他努力說服自己，朝「公司制度」的優點去看事情。

一九五九年九月二十日，生產壓克力的奇美實業公司以二百萬元之資金正式成立，股東成員有：許鴻彬、許文龍、趙炳煌、宋顯華、楊花朝、吳燧木、郭來讚、鄭德賢、許振東、程榮文等人。這是「奇美」的「原始股東」。

這一天同時決定了「壓克力」的名稱，以「壓克力玻璃」代替「不碎玻璃」。「壓克力」三字於焉誕生。許文龍出任董事長、趙炳煌任總經理。

遠見，是成功的必然

奇美實業的「建廠」神速，在壓克力建廠過程中，就先展現實力。九月底公司成立，三個月內建廠完成，翌年一月安裝機器設備與試俥，二月二十日開工，奇美實業迄今仍以二月二十日為「廠慶」。

常言道，成功不是偶然的，那成功之前的「必然」是什麼？要成功必然要有長遠的眼光，規畫出長遠的打算，如此，才能在機會來臨時，一舉成功。許文龍的壓克力事業，在一出發之前，就將資金作了相當具遠見的分配。

他將工廠設在偏僻罕無人跡的台南市南區近郊鹽埕（目前已繁榮非凡），四周全是空空蕩蕩的曠野。當時開工廠的人，多是在市區內，市區的基地並不難找，三、五百坪的廠房用地還是處處可見。

不過，許文龍並不這麼認為，他買下鹽埕地區七百坪的土地建廠。他心中篤定，這七百坪將來一定不夠用，要再建廠時鄰近全是「空地」，想買多少有多少，且地價又便宜。反之若是貪圖方便，將廠建在已是人口密佈交通方便的市區，則將來想擴廠，恐怕就是有錢也買不到土地。

事後證明許文龍的眼光相當正確，奇美公司前後在鹽埕買下上萬坪土地，且價格都非常低廉，每坪只在數百元上下，此對奇美事業的發展空間打下絕對有利的基礎。

無心插柳柳成蔭

許文龍在聊及此事時，曾笑謂天下事很玄妙，無心插柳柳成蔭的巧合，常令人不知作何解釋才好！

一生不炒作土地的許文龍，當年買地建廠在鹽埕，純為事業之發展著想，誰知今日鹽埕地價飆漲，竟已有一坪叫價數十萬之行情，若依此換算，則單是鹽埕的廠地即有數十億元的市價。另外，一九八九年前後，奇美想在善化一帶建廠，卻因當地人士反對，土地已購入，卻無法開發，只好閒置。日後該處附近卻通過第二高速公路之開發，據說土地價格也是隨著一日數漲。

他說，這種巧合一點也不在他的預期中，包括曾為確保上游原料的穩定，而購買台苯的股票，一九八八年台灣股價進入狂飆期，一舉出清之後，竟獲利新台幣三十七億元。一筆大收入，讓奇美走入無負債經營的昂步時期。

許文龍一生極為排斥「炒股票」、「炒地皮」，他認為老天有時很荒唐，他一生中讓他一下了突然賺最多的錢竟然是土地和股票。

「台南繳稅冠軍」免驗關

這是社會整體成長的共同利潤，他可以受之無愧，同時他也一直主張要「多付稅」，他從不想在「稅」上動手腳。

他曾是台南地區繳稅的「冠軍」，為此稅捐單位還授與「海關貴賓卡」，進出國門可以不必排隊驗關：可直接通關。

財政部門相信如此會賺錢，又如此誠實繳稅的人，不可能會利用進出國門的機會逃漏稅，同時，以「免驗關」作為一種禮遇，獎勵其對國家社會的貢獻。

有趣的是，許文龍很少出國，就是出國他也不亮出該禮遇身分，照樣排隊通關。

・第三部・

飛龍在天——獨占壓克力市場

9 尋找經銷商拓通路

壓克力工廠的建立，許文龍是名副其實的「董事長」。

經過了「潛龍」的階段，他要走上「飛龍在天」的舞台了。

一九三〇年代到一九五〇年代，時勢的巨輪擠出了不少名言與至理。

一九三三年，美國總統羅斯福為了應付經濟大恐慌，而推出了有名的新政，當年一段舉世注目的演說中，羅斯福高喊：「我們要行動，而且要迅速行動。」

一九三五年，毛澤東決定要到長城去抗日，他以詩詞抒懷，豪邁地說：「今日長纓在手，何時縛住蒼龍。」

一九五〇年代的許文龍，以雲從龍，風從虎的飛龍之勢，以「行動，且迅速行動」的方式，朝縛住蒼龍的方向跨步大行。

擅打無法量化的算盤

壓克力的天下，是以三個不同層面去打出來的。

第一是打開通路。做生意首重通路，沒有通路，生產再多，產品再精美，價錢再低廉，也沒有意義；就像農田灌溉，沒有灌溉渠道，水庫的水位再高也是無用，許文龍常推崇建烏山頭水庫的日本工程師八田與一，其能在嘉南平原上挖出無遠弗屆的水道通路。壓克力是當時國內從未見過的商品，要打開通路，還要考慮「加工」的問題。

壓克力的產品，有雙層利潤，一是「生產」，一是「加工」，而且，加工的利潤不亞於生產，加工之後可以變化萬千，市場叫好。

許文龍不但有「生產技術」，更有「加工技術」。這雙重的利潤該如何來賺呢？錢要大家一起賺才有遠景，許文龍如此想著。他決定放棄較高利潤的「加工」部分，把「加工技術」拿出來「免費」授與經銷商。這一著棋，看似不划算，實際上沒有幾個商場人士做得的。這需要智慧與度量。

讓「加工」的下游踴躍投入，才是新產品打通路的勇猛部隊，沒有這一支猛將，從未有人見過的產品，如何上場？

放棄「加工技術」利潤，換來一批真正用心肯拚的下游經銷商，擅打這種無法量化的算盤，一向是許文龍的專長。

選經銷商重衝勁

戰略上不收「加工技術費」，但戰術上如何挑選「經銷商」可也是一大學問。

三陽機車的經銷商，據張國安的回憶，是以「夫妻」為主，夫負責業務，妻負責財務，如此可以避免先生賺了錢卻花天酒地而倒閉的困擾。

耐斯集團的董事長陳鏡村，則以「角落」來看經銷商。若是經銷商店家的角落凌亂不堪，堆滿退貨，可以肯定此一經銷商不適任，因處理退貨是經銷商的利潤所在，將利潤散置角落的人，豈能委以開拓市場的重任。

許文龍在找經銷商時，也有他的獨特見解，他不重視財務擔保，但一定要有衝勁的才用。不重視經銷商的財力，易言之，廠商的財力負擔就重，而壓克力廠籌設之時，股權雖是二百萬元，但實收只有一百七十萬元（許文龍以技術和舊設備折二十萬股權，趙炳煌以技術折十萬）。

優惠條件打開知名度

以一百七十萬元要生產產品，還要供經銷商打通路，其難度相當高，許文龍為了全力衝刺，以廠為家，住在工廠旁以竹子和泥漿搭成的克難房舍，在一次颱風夜中，整面牆倒塌，壓得他和棉被全是泥漿。

甚至，他還讓總經理的薪水高過董事長他本人的薪水（此一作風，迄今仍保留）。此外，手下騎機車，他騎自行車。這些全是為了節省開支。

可是，一旦上了商場，許文龍花錢一點也不皺眉頭。他為了要找會衝刺的經銷商，提供了相當優惠的條件。諸如，負責提供壓克力的招牌，但要求經銷商的店面一定要在鬧區，不可在小巷子，店租幫經銷商攤一半，必要時還提供設備。上述條件中，實行任一項，奇美都要花銀子，許文龍一點也不猶豫。

因為，他深知壓克力既不是原料，也不是成品，是介於兩者之間的板狀加工材料，非經黏、壓、刻、鋸等加工程序，不能適應一般消費者，所以一般生意人做不來這種生意，再者，全省各地的經銷商要兼有「廣告」效果。想達到目的，不如此不行。

游擊戰奏效

奇美的壓克力廠，在建廠初期雖有台灣日光燈公司的固定客戶，但不打開一般市場是不行的。在賣台灣日光燈公司壓克力板時，許文龍以「你出錢、我出工」的條件，為財力不佳的奇美省下大筆資金，且又賺到了合理利潤。

而通路的展開，在戰略與戰術都佳的情形下，短短的時間即打下了全國的知名度。壓克力的宣傳戰，許文龍除了打「正規戰」之外，也不放過游擊戰，透過建築公會的管道，一再說服建築師在施工設計上加入「壓克力」。

甚至，連「小孩子」也不放過，透過師大教授的介紹，將工廠的殘餘壓克力板，再簡單剪裁，使其成為小學生的教材，讓小孩子知道什麼是壓克力！

在這種綿綿不斷的威力之下，通路的打開是可預見的。

多年後，以人口數和壓克力使用量相比，台灣是全球之冠，許文龍的推銷魔力由此可見一斑。不過，許文龍對此不敢居功，他認為趙炳煌的用心用力是不可或缺的主力，主打北部的程榮文也是一大要因，而學商的許鴻彬、許振東則協助建立會計制度，宋顯華掌總務，吳燧木負責促銷，鄭德賢專攻製造，各有專長，是團隊精神的成功。

10 壓克力之戰

通路一開，對手也就跟著出現，因此，打天下的第二關就是：打倒對手！

奇美的對手有二，一者是新雅公司，一者是謝水龍。與此兩對手的過招，許文龍用的招數全然不同，得勝的滋味更是有異。

計敗新雅搶先機

新雅公司要生產壓克力，許文龍是從日本友人處得知。湊巧的是，沒多久，雙方即同時在日本出現。

許文龍立刻透過日本友人的安排，主動宴請新雅公司的老闆，並以晚輩自居，新雅的老闆之一是大學教授。許文龍友善地提議，歡迎他們加入，但希望大家不要惡性競價，也不要互相拉對方客戶，以各自培養為主。

新雅方面見此人態度有禮，且語氣和善，提議的內容聽來也很有道理，乃滿口答應。殊不知，這可是綁住了自己的手腳。

奇美已投入壓克力市場一年多，據點多已建立，客戶都已穩定，而新雅是一新廠，別說沒有據點，連客戶都還沒有，若不搶別人的客戶怎麼生存？

新雅的重然諾，是陷自己於大不利，再說，新加入戰場的廠商，不以「價位」做訴求，豈還有他途？新雅連連挨打兩記，根本無法出手。雖然新雅在日後也發現錯了，但為時已晚，商場一失先機，即滿盤皆輸，俗云：「寧失一子，莫失一先。」下棋時，寧可被吃掉一子，也不可失掉一個先機。

五、六年後，奇美併購新雅，許文龍很驚訝地發現，新雅公司在中山北路的辦公室與工廠的設備，其投資不成比例，以此觀之，莫非是勝敗之數，在開始的時候即已決定？併購新雅，是不必太費力氣，但是，另一對手謝水龍的出現，則是令許文龍嚇得向他討饒都不成，只好硬著頭皮苦打，一度還差點打不下去，險些棄甲曳兵。

財大氣粗謝水龍

謝水龍是位霸氣十足的商人。日據時代，有日本鞋商與謝水龍卯上，謝水龍不只贏了對手，還讓該日本人因下不了台而切腹自殺。

謝水龍的一貫作風是：「我要的市場，別人就別想插手。」若有人想插手，決勝方式很簡單，削價競爭，看誰先撐不住。這是典型財大氣粗的霸道作風，但沒人奈何得了他。謝水龍決定要投入壓克力市場，許文龍怎能不怕！

更何況在此之前，許文龍已領教過一次。當時全省大約有十家鈕扣廠，大家協議價格時，謝水龍堅持他一人分六〇％的市場，其餘的四〇％由另外九家分，不然他又要使出削價的殺手鐧，大夥兒聽他下結論，又氣又嚇，只好答應他的條件。那一次許文龍分到五％。許文龍認為已是不幸中的大幸了。

雙龍爭霸記

此番「兩龍相拚」，許文龍自掂斤兩，拗不過也鬥不過，乾脆擺下酒陣，好好請他一頓，說不定有商量餘地。誰知謝水龍是酒豪爽地喝，肉大塊地夾，杯觥交錯之際，還拉著許文龍說：「這一餐由我來請你好了！」熱鬧非凡的氣氛中，一句就頂回了許文龍的「商量」，許文龍知道用軟的不行了！

果然，謝水龍一出手，還是那招「買一送一」的老招數，招數不新，卻很管用。一時之間，顧客爭先恐後的向他購買，他的工廠是「門庭若市」，而許文龍的工廠雖不是立刻呈現「門可羅雀」，但也是慘不忍睹。託人求情都試過了，但沒有用的。一旦開戰，不把對手完全打垮，謝水龍是不會罷手的。

許文龍回憶此事時曾謂，他一生歷經各種風浪，但坦白說，與謝水龍那一仗是真的讓他心裡發毛。「買一送一」的凌厲攻勢之下，沒多久，連最大的客戶台灣日光燈公司也跑到謝水龍處下訂單！而且更慘的是，客戶還懷疑起奇美，莫非壓克力是「暴利」的產品，不然怎會一下子多了一家對手，且用「買一送一」的方式打市場！

奇美真是百口莫辯，任奇美怎麼解釋，客戶始終是半信半疑，到底壓克力的下游廠商對謝水龍不是很認識。

謝水龍的市場削價策略一向很簡單：競價期間，一律「買一送一」；一旦對手倒閉，不堪競價之賠累，而乖乖交出市場之後，謝水龍一定毫不客氣，立刻調漲三倍價錢。以三倍的價錢去賺取已被壟斷的市場，不用多久，以往所賠的削價成本，頓時全部回收。這種手法，需有雄厚的財力作後盾，謝水龍恃其過人的財力，一直樂此不疲。

奇美的股東面對這種局面，有人開始沉不住氣，主張和謝水龍玩「買一送一」的遊戲拚到底，看誰先不支倒地！

知己知彼，謀定後動

許文龍則很冷靜的分析，他相信對手一定還是會有弱點，我方應是有對策的，不可削價硬拚。

首先，許文龍發現，謝水龍個人精力有限，又不信任屬下，為了省事，以「論重量」來賣壓克力板，這是一大弱點。其次，許文龍設法滲入謝水龍的工廠內部，傾全力打聽其工廠內的一點一滴，以便做到百分之百的知己知彼。這其中，他發現謝水龍的生產方法是落伍的，一天僅能生產二十片左右。根據敵我雙方的情況，許文龍擬定策略，謝水龍要什麼市場，就給他什麼市場，台灣日光燈給他也沒關係，許文龍相信對手吃不下這麼大的市場。

接著，他找出破綻，壓克力板的製造，每一片都要好幾人次的工，謝水龍以重量計價，忽略了「薄板耗工，厚板省工」的道理，五片一釐米與一片五釐米，對謝水龍而言，是同一價錢，但實際成本中工錢相去頗多。找到這一「罩門」，許文龍卯足全力，故意提高薄板價格，將薄板客戶全倒給謝水龍，讓謝水龍生意作得愈多，虧得愈多。

擊敗謝水龍，一統壓克力天下

謀定而後動，許文龍先是堅持不降價，不走入惡性競爭的死胡同。

接著，他還漲價，將薄片壓克力的價位提高，下游業者很自然地將謝水龍的薄板視為最佳來源。此外，許文龍更向廠商保證，奇美的壓克力板一定不會降價，若有任何降價，一定是「補在庫」——即以前進貨時，進了高價位，一旦降價，即補賠其差價，以解除廠商進貨之心理壓力。

果然，許文龍的對策，慢慢地驗證出效果，台灣日光燈公司是最直接的例子，開戰不到三個月，台灣日光燈又回來找奇美進貨。理由是：「謝水龍的貨雖然便宜，但品質不佳，最嚴重的是，供貨不穩定，經常脫序。」許文龍聞言心中略喜，不過表面上他還是強調：「我們可是沒有買一送一！」項多年節送些應景禮物。

謝水龍一生用慣的招數，克敵無數，打遍商場無敵手，偏偏遇上了許文龍，將多元化的產品（壓克力有薄厚及顏色上之多種變化）加以成本區隔，然後再將高成本的產品市場倒給謝水龍，這一計打得謝水龍招架不了，漸露敗象。這期間，謝水龍不知敗象已臨，還曾按捺不住，而邀許文龍以「倒運河」作比賽，看誰先倒光全廠壓克力，即可知誰是霸主。

許文龍內心暗知勝券在握，只笑而不答。其實，這正如史記所載，項羽邀劉邦二人單槍匹馬決一死戰，劉邦只笑答：「寧鬥智而不鬥力。」過沒多久，謝水龍終告不堪賠累，而退出壓克力市場，至此，台灣的壓克力市場是真正的一統天下。

前一家新雅，是因未積極「競價」而打不過奇美，最後還被奇美併購；謝水龍是瘋狂「競價」而自陷不利，鬥輸慘退，由此可見，「價位」在商場是多麼的重要，高低之間的取捨，充滿了學問。

「生產第一」精神的展現

奇美併購新雅之後，發現新雅公司的辦公室很漂亮，而工廠卻有其簡陋處，這讓許文龍感慨良深，不過還是不後悔地買下，為的是少一個對手，划得來。奇美在建壓克力廠時，所有的資金全投入廠房，辦公廳舍簡陋到以竹子和泥漿糊成，曾因颱風來襲，半夜吹垮土牆並將許文龍壓得滿身泥土。

作生意，資金應投入生產方面，不應投在排場，這是許文龍一生的資源分配原則。

就是在投入工廠方面，他也以研究發展為優先，個人享受排在後面。

據奇美公司董事鄭德賢回憶，一九六八年成立的保利化學公司，其辦公室的設備相當克難，克難到冬天時，室內的溫度和室外沒什麼差異，當時人煙稀少，寒氣逼人，實在不好受。但是，保利化學一成立時就有了研究大樓，裡面即購置了不少研究實驗設備，以及貴重的儀器，以便提高產品的品質。而鄭德賢是保利化學公司的第一任總經理，至一九七六年由蘇萬源接手。

鄭德賢自台糖轉任奇美實業，一九六八年保利化學公司的打拚精神，他印象深刻地說道：「初期二、三年都不順利，未有盈餘，大家辦公都擠在電氣室裡，後來，移到對面成品倉庫的前面一角。」辦公場所湊合著用，與研發設備高級化，鄭德賢表示，這就是「生產第一」的精神。

11 進軍國際市場告捷

成為台灣壓克力之父，許文龍的三大戰略是：

第一是打開全國的行銷通路，自一無所有到全省都有，用年輕人、有衝勁的人，是首戰要旨。

第二是打退對手，將有意爭戰的厲害角色一一擊退，或鬥智或用忍功，或比技巧，活用價位戰術，不以力拚，重視情報，在開疆闢土的爭霸中，不致腹背受敵，是鞏固戰中重要的戰略與戰績。

第三是打開國際外銷市場。

轉戰外銷市場

在一九六〇年代，台灣仍是處於以農產品為出口大宗的時代，工業製品外銷，是一個天方夜譚的想法。

而且壓克力的外銷，就「價位」來講也不划算，當時國內市場的壓克力價位比香港的要高出三分之一。在國內買賣要比在國外賣好賺且輕鬆的多，當時，外銷領域是個少有人熟悉的市場，貿易操作技術及匯兌通信，一切陌生。

許文龍在一個偶然的機會，受朋友推薦而閱讀了日本人田邊昇一所著《經營的紅色信號》一書。據許文龍表示，這是他生平閱讀有關經營管理的第一本書籍。而這本書的內容正符合他的需要，因此他的吸收力特別好。尤其書中有關「固定成本」（固定費）和「變動成本」（變動費）的論點，給了他很大的啟示。

即知即行

許文龍開始構想，為了適應多變的市場，以及擴展公司的規模，非朝著「外銷」的方向走不可。雖然國外價格比國內價格還低，但是「固定成本」可以由國內市場負擔，外銷產品只計算「變動成本」即可，如此一來，外銷生意不但可以做，甚至還有利可圖。

「想到了就立刻去做」，這是許文龍一生征伐商場的行動準則。他馬上出發前往香港，調查外銷市場的資料。一到香港，他立刻發現外銷用的壓克力，其「規格」和「顏色」與台灣的大相逕庭。

或許，別人一看此情形，會立刻打退堂鼓。但許文龍根本不如此想，他逐一接觸，理出頭緒，找出商機，他認為這生意很值得一試。飛回台灣之後，他一面下令訂購新規格的日本進口玻璃，另外，因他本人對美術的多年興趣與天賦，遂自己動手調製顏色。

不到一週，新的「樣本」就出來了。寄到香港廠商手中，真可謂是「樣本」都還溫熱的。香港廠商一見台灣的這種效率，也吃了一驚，因為，他們原向德國採購，每次要求「新樣本」，總是三、五個月後才有下文，台灣這一新公司，如此地厲害，人才剛走，新樣已經寄來！

商場上最重效率，台灣寄來的樣品，論品質、顏色，並不遜色德國太多，當然可以試著下訂單。沒多久，香港的訂單就成長到每月一、二十公噸，而國內市場也不過是六、七公噸。

「商品」與「製品」

在打開香港外銷市場的過程中，還發生了一件趣事，這一趣事讓許文龍既慶幸自己的運氣，卻又多領悟了商場上的另一番道理。

香港的壓克力市場，主要是用來製造「麻將牌」，而麻將牌是用雙色以上的壓克力板黏合而成，這種產品的需求量很大。

西德製的壓克力產品，品質較好，其成品中殘留單體（Monomer）較少，奇美公司生產的產品殘留單體較多。但是，殘留單體較多的產品，其接合性較佳，在麻將牌的產品上，較不易「摔裂」。

打過麻將的人都知道，牌桌上一興奮或是一氣憤，最直接的動作就是用力摔牌，手一用力，整張牌往桌上扣，「碰！」的一大聲，西德製的往往因此一裂為二，接合處分裂開來，台灣製的卻是穩如泰山，一張還是一張，不會成為上下兩張。這一特性，正符合麻將牌的需要，因此外銷市場反應良好，訂單接連不斷地來，誰也沒想到，殘留單體的小瑕疵，反而成為小優點，這可能是「運氣」吧！

不過，從這一件事也讓許文龍領悟到，商場上要的是「商品」，不是「製品」。製品是實驗室要的，要求純度、要求無瑕疵；商品則是市場上要的，是以消費者的習性為取向。

七年有成

在努力與敏捷的雙重奮鬥下，香港市場順利打開，隨著外銷市場的打開，總成本降低，連帶的內銷成本也降低，競爭力跟著壯大。

許文龍說過：「當時若不採取外銷的策略，比奇美成長快，且規模大的同業廠家不知有多少了。」自一九五七年開始「摸索」、「土法煉製」、「東瀛取經」、「命名」、「打通市場」、「打退對手」，一直到一九六三年「打開外銷」，在短短七年的時間，許文龍為自己掙得了台灣工業史上「壓克力之父」的地位。

從國人完全不知如何生產，不知其名稱為何的情形下，一直到可以外銷，為台灣掙得一九六〇年代的可貴外匯，這一成就是真正值得驕傲的。

12 壓克力B廠的故事

在奇美的壓克力故事中，B廠的興建是必須另外用篇幅加以記述一番。

壓克力B廠的建立，是在一九六五年，該廠是第二製造工廠，後來改稱為B廠。

此一廠的興建，有兩大特殊之處。第一，此廠的興建，正值許文龍有嚴重胃疾。該胃疾嚴重到令很多人都認為是胃癌，連許文龍自己也沒信心，甚至，只求老天讓他活著見到此廠的完成。許文龍二十多歲時得過肺癆。如今，三十七歲，正是打拚的黃金時刻，卻因胃病讓整個人在短短的兩、三個月內瘦了十公斤。

原本就只有五十多公斤的身材，一下子瘦到只剩四十多公斤，每個人見了都很驚訝地問他是怎麼回事。他也答不上來，看醫生、作檢查、試偏方，總是不見改善。

一九六〇年代，當時的醫療水準，找不出症名，也老治不好的，總是先往「癌症」去聯想。太多沒什麼幫助的關心，有時對信心不足的人是很大的負擔。幸虧許文龍當時是全心全力地投注在B廠的興建，病情的困擾是必然的，但病魔的陰影並未擊潰他。他還是卯足勁建成了Ｂ廠。有趣的是，廠好了，病也癒了。

走出仿製，獨創流程

Ｂ廠的第二特殊處是，該廠加入了許多新創的發明。

這些發明有待開工才能知道好不好用，許文龍急著想知道答案。新發明，其靈感五花八門，有的來自兒童樂園的旋轉木馬；即將「注料」以迴轉的方式灌入，有的則如天橋般，以高架的天車軌道，有的則潛入如隧道似的高溫處理爐，有的更似蜘蛛吸盤般用來「離型」。（參見一三〇頁壓克力注型板製造流程圖）

這些發明，全都走出當年東瀛取經的版本，一點一滴，都是國人自己的構思與腦力激盪下，辛苦累積而成，是許文龍與其率領的技術人員日夜絞盡腦汁的獨創生產設備與流程。從日本的仿製，到自己的獨創，許文龍很明白地抓住「苟日新，又日新」的道理。

血汗沒有白流，Ｂ廠於一九六五年一月間動工，到八月間即告完工。這一廠的完工，是台灣壓克力生產事業的革命性時刻，整個生產流程已完全脫胎換骨，再也找不到仿製日本的痕跡。

而且最令人激賞的是，新廠走上了半自動的規模。

壓克力注型板製造流程圖

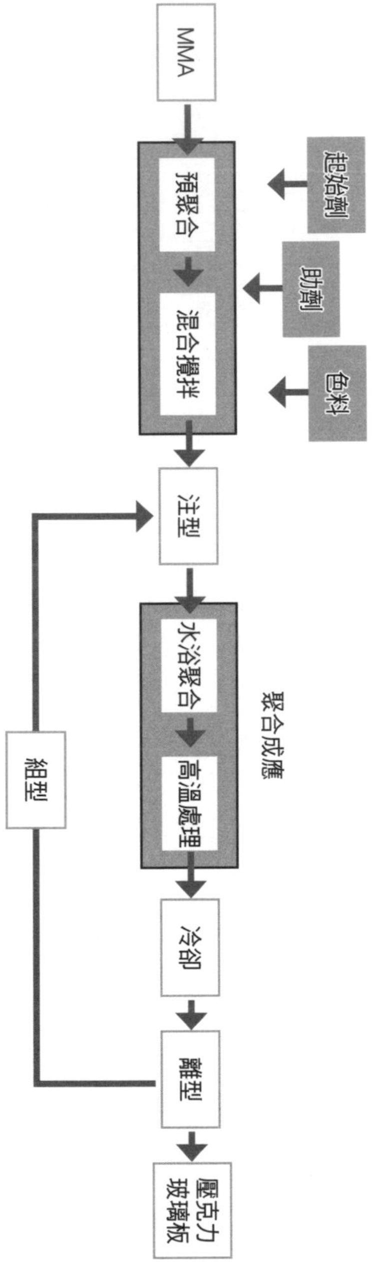

註：
組型：保留間隔的兩片強化玻璃組合。
注型：將預聚合後已成稠狀的ＭＭＡ注入玻璃組型之中間空隙。
離型：聚合反應後固化的ＭＭＡ成板狀，從玻璃組型中取出。

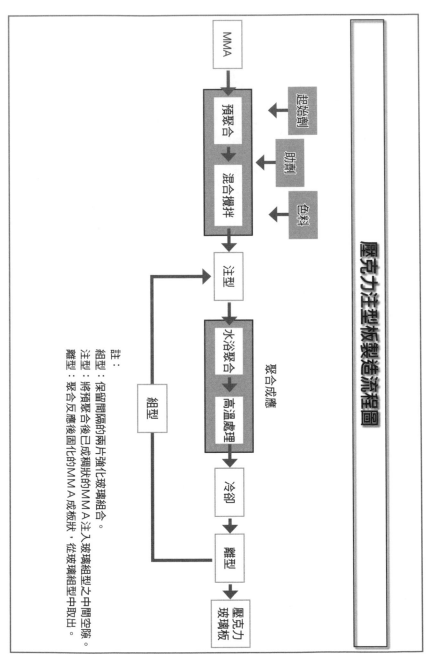

思想放開動腦創新

昔日的流程動線，非壯丁大漢無法勝任，而今，纖細女工即可上場，徒手搬運的流程完全由半自動的機械及人工的輕輕推送取代，節省的人工與人力，非常可觀。同時，由於半自動的生產模式，很自然地提高了生產力，每個月的產量向上推到一百噸的數字，大有追上日本三菱縲縈之勢。「半自動機械化」，這在一九六〇年代的台灣，是件多麼令人興奮的事。

許文龍對這成果有段話說得不錯：「工廠要謀求發展，負責人絕不可受到傳統形式的束縛，思想一定要放開來，如果不能動腦筋創出點新花樣，一切都跟著別人學，到最後一定生存不了。」

「注型方面，日本一向採用直線法，奇美改用迴轉式，使氣泡上升的時間縮短至過去的五分之一而已，而這啟示完全得自兒童樂園旋轉木馬的設備，連日本人也佩服我們的創見。」

這一精神，奇美的現任副董事長朱玉堂先生也有段精闢的詮釋。他舉例說明：

二十世紀以前，光學理論為解釋波動說而假設宇宙充滿著「以太」的媒體，然這一假設有許多無法解釋的現象，一九〇五年，愛因斯坦放棄「以太」的說法，建立相對論，這時候愛因斯坦只有二十六歲，未為傳統思想所束縛；但後來，愛因斯坦本人無法接受波耳（N. Bohr）的量子力學，因為，他自己被決定論所束縛了，不能接受量子力學所提倡的不確定性思想。

由技術走到人文

朱副董事長原是生產力中心的人，因緣際會而進入奇美，先後主持過奇美企畫處、保仁工程公司總經理等職務。屆齡退休後，許文龍又聘他到基金會幫忙，他的日文造詣相當高，專業日文的底子，讓他能多方涉獵。從古兵器到文藝，從藝品鑑賞到科學文章的日文書籍，他都加以鑽研。

有人謂：「非本業的人才之多寡，才是決定一家企業之規模大小的標準。」若據此以觀，朱玉堂先生的內涵與外文能力，真是可為奇美文化與企業規模作一人物註解。

事實上，奇美實業本身的人才是相當驚人的，他們可以到美國去打反傾銷的官司，而大獲全勝，更可以到英國去打拍賣品出關的官司告捷，還可以用獨創的工程手法不斷刷新產能的紀錄，將來，還打算以自備的人才建立五大目標的博物館（該五大目標是：樂器、兵器、自然史、古文物、西洋藝術）。

壓克力的故事，在B廠之後，由技術走向人文——心理建設。

13 產銷心理學

壓克力天下一打出來、市場一大，客戶抱怨的聲音也就源源不絕地跑出來了。奇美內部負責販賣的「業務人員」，與工廠生產線上的「製造人員」，經常產生紛糾。製造部門的口才必是說不過業務部門，嘴巴上說輸人家，產品上又確是偶有疏忽，信心自然也去了一大半。

許文龍一見此狀，趕緊出面處理。他集合兩方面的人加以「心理建設」。

他首先指出，我們的產品當然不能和日本三菱或舉世聞名的ＩＣＩ相提並論，但是並非世界上所有的客戶都苛求高品質的產品，也就是說，我們可以主動區分市場，依個別市場品質之要求，供應不同「等級」的市場，有的是要好的、貴的，有的則只注意價廉可用就行。他分析指出，如此依「等級化」區分，則貨品的挑剔率必大為下降。

他希望「推銷者」和「生產者」雙方能先建立這一觀念，如雙方都能有此觀念，彼此一定能諒解、合作。接著，他又勉勵生產部門，他希望製造部門不要有任何不該有的疏忽，讓「產量」和「品質」都能力求完美。在當時的財力與設備上，奇美的壓克力是只能鎖定在中下層階級客戶，與今日在國際上與人一爭長短而不遜色，是不可同日而語。許文龍以心理建設來化解「業務」和「生產」之間矛盾。他也以「心理建設」激發了外銷部門的士氣。

「千分之三」的生意

一九六三年奇美外銷貿易課成立，由許鴻彬、宋洋一、宋妙子三人負責。許文龍以日語「千分之三的生意」來激勵貿易課的人手。他說，日本人形容國際貿易的生意是千分之三的生意。意思是說，寄一千封信出去，如有三封回覆，就算是成功的了。因此，他要求貿易課盡量寫信給外國顧客或代理商，凡是貨物能送到的地區，信件一定都要寄到。

以「千分之三」的觀念作底，再開始寫信，可減少挫折感，工作上較不易氣餒，許文龍相信如此必會有滿意的成果。事實上，國外市場的開發成果，比他們原先的預期要超出很多。

此外，奇麗板的「倒帳算術」也是一大突破的觀念。在奇麗板的戰役中，許文龍首創「賣三家倒一家，都還划算」的口號。此一口號意味開拓市場時，不要怕下游商家倒閉，但要打直營，不要以大盤交中盤，中盤交小盤來層層扣除。

這種「不怕倒」的觀念，讓奇麗板的市場開拓威力無窮，讓業務員心理上沒有「倒帳」壓力，敢放手力搏。

觀念，致勝祕訣

以「正確的觀念」做出發，在工作上才會愉快，成果則往往是意想不到的。

許文龍多年來一直相信這一點，多年後，他還舉了一個小故事向他的員工作說明。

剛開始經營塑膠生意時，有一客戶欠款很難催收。每次他大哥收帳回來，一提到那客戶就生氣，欠了兩、三萬，又不是沒錢，就是不肯乾脆俐落地付款，硬是推三拖四。許文龍自告奮勇地接下這一客戶的「催收任務」。

他的「正確觀念」是以「換算方式」來建立。他盤算，公務員薪水一月不過兩、三千元，如收到此款，勝過公務員上班十個月，而公務員上班要每天到差，我收帳又不必每天到差，因此結論是：此一任務輕鬆又划算。

本著輕鬆又划算的心情出發，又有如上班般，一有空，他就踏著單車到該客戶家中走走坐坐。有時，還帶點糖果招呼對方的小孩。用輕鬆的心情去拜訪，自己沒有「要債」的壓力，也不談收帳之事，當是客戶之間的禮貌走訪，只是次數多一點罷了。反倒是被拜訪的人有壓力，不到六、七回，對方自己不好意思，主動結帳付款。

這一小故事與「千分之三」有同工異曲之妙，都是先心理建設，先由正確的觀念出發，以減輕或避免工作上的挫折感與氣餒。再者，可使工作方式有良性的活力源源不斷。事業的成功，必是心血灌溉多年而成長出來的，其背後以良性健康的活力當泉源，才是正途，苦逼硬熬，頂多撐一時，不可能茁壯成蔭。許文龍在這一方面，他掌握到重點。

第四部
多角化經營

馬來西亞塑膠有限公司
LAYSIA PLASTICS
ENDIRIAN BERHAD

14 「化粧合板」功成身退

一九六二年，奇美公司已經打下「壓克力」的天下，扎穩了事業根基，許文龍開始又縱身凌空，如隼鷹般四處巡視，他在尋找下一個目標與戰場。

奇麗板，他一眼看上了它。奇麗板是商標名稱，奇美正式註冊登記過，通稱為「化粧合板」。它是合板貼上化粧紙，然後再上一層不飽和聚酯樹脂，化粧紙的花紋、圖案美麗繽紛，在一九六〇年代是台灣家具與裝潢界的重要用品。

它與壓克力相同，都屬建材用品，建材商場的相同性吸引了許文龍。除了市場領域相同之外，其他幾乎沒有什麼類似的地方。更有趣的是，它與壓克力的攻守全然是兩個極端。壓克力是一種大家沒聽過的產品，從介紹到使用都要從頭開始，化粧合板則完全不同，它在當時已有十多家工廠在生產，其中最大的是國內數一數二的「林商號」、「永豐」、「源泰利」等。

投入化粧板白熱化戰場

壓克力的技術面高，但對手少，化粧合板則正好相反，其技術簡單，但對手強。壓克力的市場，在出發之前，根本不知有沒有這個市場，化粧合板則是市場大，但不知打不打得贏？

許文龍要投入化粧合板之前，市場本身的競爭已經進入白熱化，原來一片售價四百元，卻由三百二十、二百二十、一直降到一百八十元，甚至有些大廠商已開始心萌倦意。許文龍則仔細分析，他不但認為可以做，還大做一番，事實上，經過證明，他不但占下六〇%的市場，一度他還覺得：「賺錢的速度，好像是自己在印鈔票。」

首先，他從成本上去評估，他曾說：「奇麗板（化粧合板）的生意是否要做，股東方面意見不一。有人看法是林商號本身經營合板，他們不僅內行，且有知名度，奇美想和林商號一爭長短，是不自量力！」

「但是就算合板對林商號而言，是別人的半價，此一生意還是可以做。」

「道理在哪裡呢？假設奇麗板一片售價一百四十元，合板的成本只占三十元，而三十元的半價是十五元，以十五元和一百四十元比較，只占一成。」

「一成的利益是不足以占有絕對優勢，再說，這一產品需要五花十色的特性，不是林商號大量生產的政策能滿足的，壓克力市場的開拓給了我許多寶貴的經驗，也增加了我不少信心。」許文龍看準了問題的關鍵處。他很清楚，合板已輸人一著，化粧紙的戰場則很遼闊。

會買的才是行家

他再次往日本去尋找「不足」與「領先」。他深諳商場的談判要領，當時，日本有兩家大型印刷廠，他是買方，他不斷聲東擊西，他引進了一句日本商場名言並身體力行：「在商場上，會賣的不是厲害，會買的才是厲害。」售價有時很難提高，「會賣」並不一定有用，但是，成本如能降低，利潤馬上跑出來。因此，有時「會賣」沒有用，要「會買」才有用！

要投入化粧合板，在化粧紙的採購上若不能贏人一大截，那一切都不用說了。許文龍很清楚地掌握這一要領，在日本四處使勁用智，為的是突破紙價成本。最後，他很成功地找到一家日本新進廠商，在台灣還未建立地盤，該廠商計畫年銷台灣兩萬米化粧紙。許文龍以量取勝，主動加量，保證年購四萬米，但要求降價一五%，同時，不得以降價後之價位售予台灣其他買主。

該廠略加盤算，一個還沒進入的市場，買主即自動出現，且加量採購，價位雖然稍低，但絕對還是划算。雙方愉快成交。此外，紙上塗布之多元酯（Polyester），許文龍也以低於一般價位成交，這些「進價」上的優勢，已使賽跑還沒開始，就領先對手一小段。

開拓化粧板新通路

現任奇美公司副總經理的廖錦祥，當年才剛服完兵役踏入奇美，許文龍委以國內市場開發重任。廖錦祥曾經在奇美公司廿五週年的紀念刊物上回憶道：

當時化粧合板界廠牌林立，競爭激烈，尤以林商號、源泰利、永豐、新美豐四家，財力雄厚，銷售量占市場八〇％以上。

而常言道：「路是人走出來的。」憑年輕人的一股幹勁，我開始了進軍化粧板工作，透過家父在銀行界的關係，打聽了一些優良顧客，再由貨運行、家具行、建材行等蒐集資料，擬定方案，四處開拓，第一次出差，總共獲得七十六片的訂單，高興得火速趕回公司報告。

據廖錦祥表示，這七十六片產品在當時是用了兩個星期的時間才交出貨，原因是工廠還在試俥。廖錦祥的奔波，雖有七十六片的成績，但也帶回了很不利的消息。原來，各代銷商（建材行）都以奇美的「知名度」太低為理由，而訂下苛刻的交易條件——在同一地區內，「奇美」不可再找第二家商店代銷化粧合板，但他們可以代銷別廠商的化粧合板。

大型樣本做廣告

許文龍一聞此狀心知不妙，此勢若不能加以扭轉，無異咽喉受制，吞吐不得，遑論全身活動。不走舊的通路，自行動腦筋打開新通路，是許文龍經商的一大特色。壓克力的通路，他找沒錢有幹勁的代理商，免費教授加工技術，一舉打開國內市場。

化粧合板他也下定突破決心，直接找上家具行，用大型的樣本掛在家具行，由顧客看上眼，反過來點名指定：要用奇美的化粧合板做為家具產品。依一九六二年的物價，奇美單是樣本的費用就投下二十萬元，這在當時是可買下一幢透天店面的投資。

不過，這一招沒有用錯。不到一個月，整個情勢已開始逆轉，早先高姿態的代銷商紛紛放下身段，主動上門購貨，這時，輪到奇美神氣了，反過來要求他們不得銷售它牌的同樣產品。

由於消費者的要求——一般廠商提供的樣本，花色少又小，奇美的樣本，花色多又美又大，當然得到青睞——代銷商見市場反應如此，必然滿口答應。

再加上前述「不怕倒」的業務員全力衝刺，奇美如入無人之境，一一接收市場，席捲的速度令人想像不到。據許文龍的印象，不到短短七、八個月的時間，國內化粧合板的占有率，奇美奪走了六〇％。

乘勝追擊推出「美化板」

乘勝追擊，對許文龍而言一點也不難，一九六六年，奇美又推出另一種化粧合板，命名為「美化板」。

美化板與奇麗板的主要差異是，奇麗板用的化粧紙是八十克重，美化板只有二十三克。化粧合板的貼紙，全部仰賴進口，每片成本約二十五元，但進口稅高達百分之百，也是二十五元，紙張自己印才划算是每個人都懂的道理。

當時，永豐這家在台灣享有多年盛譽的紙廠，也已試驗自己印刷化粧紙兩年，但還是成功不了。

技術掛帥，品質一流

許文龍一生從事產業創造，技術掛帥是他的一貫原則，技術的突破更是他的專長。

經由秋雨印刷廠的介紹，他一面派人赴日學技術，同時他也親自出馬，遠赴日本，他相信，機器向日本買，紙也向日本買，印版也在日本買，油墨更是向日本買，最後，技師也由日本派人來，然後再在台灣印，如此沒有印不出來的道理。

自己掌握摸索得來的技術，不採「整廠輸入」，是許文龍一向的堅持，這一堅持使他的生意不但賺錢，還常跑「第一」。以自行「組合」各原物料開發出來的印刷品，一生產出來，即幾可亂真，很多外界人士誤以為是進口貨。此一技術，讓奇美的「美化板」在台灣跑得最前面，賺錢自是不在話下。

許文龍笑著回憶，挾著可媲美進口的品質，當時的紙張印製，其賺錢之容易，曾讓他覺得，印鈔票也不過是這個速度。

黃金時代過後的衰退期

印刷技術的突破，對奇美的化粧板有非常大的貢獻，一來，他們可試著將奇麗板的厚紙與美化板的薄紙，改成都用薄紙，這一嘗試順利成功，不但降低奇麗板的成本，還減輕了兩種不同紙張的庫存壓力。在此之前，他們也成功地將兩種不同化粧紙的油墨調配成一種。印紙的技術突破，與貼紙的「自動化」突破，此兩大技術讓奇美公司在化粧板的鼎盛時期，曾創下一年（一九八〇年）銷售三百三十萬片的數字。

「貼紙」的過程，早先各廠牌全用人工，不僅費時，且效果不好，許文龍在這一方面，也首開先例，以「熱壓」及「滾噴」的方式，採用自動化機械代工，一舉邁入量產規模。（參見化粧板製造流程圖）化粧合板的黃金時代是一九八〇年，當年十二月份曾創單月最高產量五十萬片，這般產能為奇美實業製造出相當可觀利潤，不過，任何一種商品都有生命期，高峰過後就該準備面對衰退期的來臨。

商品的成長創造是活力的代表，安定守成則是穩重的考驗，衰微退化是自然與智慧的對話。

深諳「不爭面子」的下台智慧

化粧板在二十三年內，這三階段全走過，其最後階段的抉擇，曾令業界吃驚不已。在當時奇美仍是業內主要生產者，甚至才剛購入昂貴的生產設備都還未開封。

一九八五年二月，奇美化粧板全面休工。

政壇上有人說：「上台靠機會，下台靠智慧。」

商場上何嘗不是如此！一九八五年，許文龍認為化粧

化粧板製造流程圖

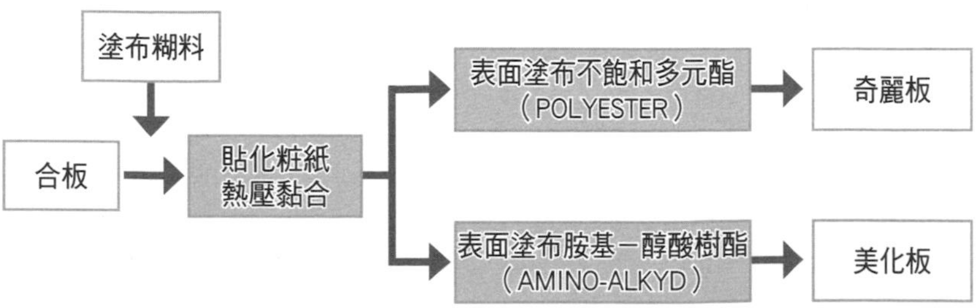

板已不值得再投入時，果斷退出的魄力，是一般人作不到的，據奇美的員工回憶，退出前，才購入數百萬的新機器，還未及拆封就收攤了。

商品的市場萎縮、技術少、投入者多、工資成本不斷提高等種種因素，讓奇美公司的化粧板功成身退。這對許多人而言，是很沒面子的事，曾經是一方霸主，卻轉眼成空，更何況並未虧錢，只是賺得愈來愈少而已。

許文龍曾說過一句很引人深思的話：「我這輩子最大的財富，是我沒有面子的負擔。」中國人一向愛面子，多少是非、恩怨、煩惱、全因「爭面子」而惹出。財富，不是比誰擁有的多，而是比誰負擔的少，這體認在現實生活中，為許文龍換得不少輕鬆，更使其判斷與決定是理性而非感性。

「活用會計」發揮高效能

許文龍對會計的「活用」，在壓克力外銷市場時展現過一次，當時他以「變動成本」和「固定成本」來區分，而準確地打開市場、降低成本。

化粧板時，他則是主動找出錯誤，並順利掌握商機。他說：「會計制度如果不健全，雖然錢沒有流出去，但賺錢的機會錯過了，這種損失才是大。」當化粧板占領市場六〇%不久，營業額一度慢慢降低。

許文龍覺得很奇怪，經過一番檢討以後，發現原因在於公司的會計制度。初成立公司之時，有一套完整的制度，但事隔多年，人事全變，制度依舊，化粧板部門經費分配過高，折舊費估算偏高，形成對外競爭的障礙，公司也因而消極。

許文龍曾回憶：「我這個人心理上硬是不相信，明明是該賺錢生意，為何會計人員卻說虧本，我就親自再打過一遍算盤，發現奇麗板還是一門賺錢的行業，目前的病根係存在於我們的會計制度上，至此，才使渙散的士氣又重新振作起來。」

原來，當時公司會計將「化粧板」與「印紙」的成本與利潤分開計算，印紙利潤大，而化粧板的利潤薄，主會計部門的人員，一再以「化粧板」賠錢來打擊化粧板部門。殊不知印紙是半成品，化粧板是成品，成本不能切割單獨看，應以總成本來評估，許文龍這一見解重新注入之後，才找出盲點，重新衝刺。

自從這次教訓後，公司已改用標準會計法。許文龍的「活用會計」，在後來能源危機時，也發揮了高度效能。

15 關係企業共創大業

奇麗板、美化板只是許文龍在商場上一次漂亮的出擊，也是奇美多角化經營的第一步，隨後的步伐更是多彩多姿。

各有所得，一片和氣

企業的多角化要成功，是要向下扎根，也可另發新枝，但是不容萎縮。此外，多角化的擴張，目的是什麼？是野心的滿足？抑或是財富的追逐？還是企業成長的不得不然？

奇美公司一位協理級幹部接受訪問時指出，他是一九八三年進入奇美，在此之前，他待過不少化工公司，流動性高，一直到奇美公司才安定下來。他喜歡奇美的「和氣」，和氣的來源有二，一者是公司與員工之間「不計較」，給與取之間，取的滿意，給的又不計較，自然是一片和氣。

此外，公司的「布局」也是一個主因，他認為公司不斷地在擴建，不斷地在成長，無形中多出了很多升遷管道，人事升遷管道的暢通，讓人的潛力可以不斷受刺激而激發，不必囿於環境的保守而養成安逸習性。

從幹部的心聲，可以看出一家企業的成長壓力。

奇菱樹脂提升奇美國際地位

奇美公司早在一九六〇年代就主動「自我成長」，該公司分別踏入了下列領域：

一、奇菱樹脂：該公司成立於一九六五年，是由奇美與日本三菱商事株式會社及三菱油化株式會社合資成立，奇美占五一％，三菱占四九％，許文龍擔任董事長，總經理是郭來讚。

此一公司是許文龍策略上的一大成功，它將奇美的國際地位提升，與日本著名的公司合資，是獲得國際肯定與認同的捷徑。許文龍在日本簽定合約時，看著盛大的酒宴與記者會，深知他這步棋是完全走對了。

他曾笑喻：「這就像與豪門權貴結姻親一樣，一下子擁有了不少社會地位與特殊管道。」三菱油化當時是想進入台灣的消費市場，而有意合資，許文龍原興趣缺缺，因ＰＥ膜的加工，無太大的技術面，無挑戰性。

後來他又想，與三菱油化和三菱商事合資，可改變外貿地位與建立特殊關係。日後，佳美貿易的代理權即都是透過此一合資管道而取得。在一九六〇年代，取得代理權，往往代表取得了「賺錢管道」。日後，三菱商事與三菱油化的絕大多數商品在台總代理，即是授與佳美貿易。

奇美樹脂是以ＰＥ袋、ＰＥ膜之生產為主，對日資而言，是「投資」代替「代理」；對奇美集團而言，是多角化與國際化的一步重要活棋。奇菱樹脂當時是以取代三菱油化在台代理商的地位而出發，後以ＰＥ、ＰＳ等產品為主。

奇美油倉小兵立大功

二、奇美油倉：化工業者要進口液體化學原料，首重在港口附近確立基地型油槽。

早在一九六五年，當時的總經理趙炳煌（不幸在翌年病逝），得知政府擬開放高雄港周邊土地，讓民間企業興建油槽，而且條件很優厚。許文龍一聽，馬上下決策，順利取得每坪五百元，可分五年分期付款，總面積一千二百坪的基地，並由鄭德賢、胡榮春二人負責建槽。這般投資佳機如今是再也不可能碰上。

這是奇美油倉關係企業的來源。奇美油倉正式成立是在一九七一年，經營原本非常順利，但在一九八〇年時，高雄港務局為保護中油公司在高雄碼頭油庫之業績，下令不屬民營油槽公司所屬企業所進口的溶劑或原料，一律不准進存民營槽。

此一命令打得各民營油槽苦不堪言，只能撿中油吃剩的生意。不過，大體上而言，奇美油倉雖是眾關係企業中的「小兵」，但也立過不少大功。

例如：在二次石油危機中，它完成了調度原料單體儲運的艱難任務，使生產現場無斷料停工之虞。

又因與佳美貿易合作，利用油倉進口散裝溶劑，再加以分裝小桶，供應國內客戶，曾一時領先業界。

該公司在一九九〇年時，資本額是一千八百萬元，擁有十三座大小型油槽。

佳美貿易贏得三菱代理權

三、佳美貿易：由許鴻彬主持，但取得主要代理權的業務，則是由許文龍用心用智才達成，有了主要的三菱代理權，佳美貿易在當年才能一舉躍上進口商排名之第二，而代理權的取得過程，是一精彩的連環扣，一環扣一環，逐步建立。

早在奇美塑膠結束營業的時候，許文龍就佈下有利商機。一九五七年，許文龍將已步上軌道的奇美塑膠廠全部給了大哥許鴻彬，自己出來創業，不到兩年，許鴻彬結束營業。結束前，許文龍建議將機器半賣半送，交予工廠裡的工人，輔導他們創業。

這一安排，利人利己，一者工人不至於失業，再者，雙方仍可維持良好關係，日後，許文龍在向日本三菱商事與三菱油化爭取「代理權」時，即是藉由這批他們「輔導」創業的小型工廠，向日方強調，奇美集團有良好的下游關係企業。

許文龍並以「奇美樹脂」的合作關係，向日本三菱油化與三菱商事解釋，奇美集團是「工業資本」廠商，不是一般代理商的「商業資本」業者。商業資本者，重視短期利益，只注重買賣的成交；工業資本者，則重視技術成長與傳授，及售後服務。奇美有「奇菱樹脂」的中日合資工廠作後盾，可技術輔導與售後服務，是工業資本的最佳證明。

此外，再加上奇美集團原已有接過日本古河公司之ＰＥ生意，對代理業務並不陌生。上述之有力「促銷」，再加上許文龍鍥而不捨地一再往返日本台灣，終於取代了原台北「大中行」之代理權，而成為三菱油化與三菱商事之化學系統產品的台灣總代理。

這一總代理的取得，為「佳美貿易公司」的業績，迅速推上以「億」為單位之營業額。有了代理權，更重要的是還要有人。當時，貿易人才非常欠缺，而「勝記貿易行」是相當出名的日本代理商。勝記貿易行的經理許瑤華，身具出色的日文並熟稔國際貿易，許文龍禮聘成功，佳美貿易公司有人才又有代理權，業務成長一日千里，在許鴻彬主持之下，成為當時國內赫赫有名的進口商。

奇美冷凍廣告聲名響

四、奇美冷凍食品公司：奇美冷凍食品公司創始時是一九七一年，董事長許鴻彬，總經理蔡青峰，資本額六百萬。

成立之初，是日本將冷凍鳳梨進口設限解除，台灣正值旺產期，奇美冷凍乃於焉誕生。初期市場大好，產多少就銷多少，也因此造成罐頭業者不利與不滿，並向政府施壓，而採設限配額。此舉遂使香蕉、鳳梨王國的台灣，逐漸為泰、菲等國取代。

奇美冷凍在此一時期，轉往「枝豆」發展（毛豆，為日本人之下酒菜）。日後，又轉往「烤鰻」發展（日本活鰻輸入漸不敷成本，改以熟食烤鰻輸入則大有可為），不斷有所斬獲。

奇美冷凍食品公司有促銷廣告，在奇美集團不喜太過曝光之下，曾是集團旗下唯一為外界所熟知的一家關係企業，最近幾年，外界才慢慢知道有「奇美醫院」、「奇美文化基金會」等組織，原來，也都是奇美集團的旗下機構。

保利化學「立大志」

五、保利化學：保利化學是許文龍對「化學」事業不能忘情，也是最鍾情的具體投射。

小時候，他看到冰、糖水，再加上化學調色調味的檸檬精、草莓精之後，即可獲利一、二十倍，他即篤信，遲早他會走上化工事業。保利化學開辦之初，每年虧損新台幣五百萬元，在一九六八年的時代，五百萬元是天文數字，但許文龍始終堅持如一。保利公司成立之初，許文龍就有著「立大志」的想法。

他向股東們說，我們的將來對手是台達。股東們多認為，他在發神經病。台達公司是趙廷箴旗下的PS、ABS工廠，趙廷箴在戒嚴時代，黨、政、財經人脈強而有力。在一九六〇、七〇年代，趙廷箴不只在台灣有名，連在國際上也相當有名，老外都叫他T. T. Chao。他是個長袖善舞的商人型企業家，擅於籌資使事業成功賺錢。

許文龍向股東們提到「對手」是趙廷箴時，大家都搖頭嘆無奈，全認為許文龍怎麼比得上T. T. Chao。因為，當時奇美的知名度都還不如奇士美或義美呢！但是，許文龍一點也不以為奇，甚至還更誇口說，十年後，奇美的配利會使你們嫌拿的錢太多了。

他冷靜地浸淫在石化領域。他不好出名，不競誇成果；相對地，他也不在乎挫敗，不懊惱失誤。他是有點名流仕紳的風範。他優游從容地大踏步邁入石化界。龍行虎步的氣勢，在往後的一、二十年內，果真拉開了勝利的帷幕。

在一九八七年的九月二十九日，經濟日報以醒目的標題寫道：

奇美放眼全球　擴充產能
建廠成本很低　有恃無恐

一九八六年時奇美的ABS年產六萬噸。一九八八年時，年產三十萬噸。兩年成長五倍。是全球第二大的實力，僅次於美國的華納。而建廠成本只有對手的四分之一。當年，一個年虧五百萬元的不起眼工廠，而今已是國際級超大型產能的實力工廠。在眾多關係企業中，保利化學是特別引人注目的投資，它長期虧累，為了相乘效果而與奇美公司合併，它綻放的光芒卻也格外耀眼。

仁德實業基於戰略性成立

六、仁德實業公司：與保利化學同一年，仁德實業公司也成立了，資本額是五百萬元，董事長是許文龍，邱福德任總經理。

仁德實業是為輔助保利化學之不足而成立。主要作用是：保利生產的PES的原料，交給仁德實業加工為發泡聚苯乙烯，然後由仁德實業找出缺點，再提給保利研究改善。仁德實業公司一度在鈕扣、克力隆、泡綿等產品，於國內市場占有相當高的比率，也還外銷到印尼等地。

只是這些產品終究是零細型的企業，公司的規模一大，間接費用也就相對地提高，尤其在同一集團中，奇美、保利等企業都愈來愈走向資本密集的時候，其員工福利、待遇要比肩並齊，可就吃力了。幾度的圖強，最後卻以欲振乏力收場。

一九八三年，一場大火更是將廠房燒掉大半，事後雖恢復開工，並精簡人事，外包計酬，但成立之時的宿命，造成其終場是黯然消失。

一九九〇年，併入奇菱樹脂。

奇美在民國一九六〇到七〇年代之間，陸續相衍而生的關係企業，由貿易而至油倉，由冷凍食品而至化學實業，這是「廣」的面，但更重要的是要有「壯」的質。上述的關係企業在一九八八年的總營業額，高達二百零八億四千萬元，是全國民營企業之第八名。

16 經營權與所有權分開

回顧一九五九年，奇美剛成立時，全是「自家人」。

董事長許文龍兼廠長，總經理趙炳煌是許文龍的連襟，常務董事宋顯華是許文龍的大姊夫，兼總務課長，製造部主任鄭德賢是六妹婿，業務課長吳燧木是四姊夫，其他的董事中有五姐夫郭來讚，三姐楊許仙里，大姐宋許碧娥，十弟許振東。不是姻親，就是血親。這在草創之初是必然的，一者沒外人可用，再者，外人可不可用也是未知數。但是到了企業發展的瓶頸時，自己人是絕對不夠用的。「所有權」是自己人的，但是「經營權」是要用智慧的，是要廣納人才的。此兩者不分開，企業要遠久、要壯大，是有困難的。

從家族企業出走，邁向現代化經營

許文龍一生行事，尤其在經商上，是喜歡事前布局的，是喜歡用腦筋作好事先規畫的，他一向有敏銳的觀察力，就像非常傑出的捕手，在瞄到投手的暗號後，總是很準確地把手套放在球會投入的位置。

他在六〇年代就相信，奇美的事業有一天會成為世界級的規模。他嗅出企業的體質要趁早轉變。體質的轉變中，他抓住了最重要的一點：讓經營權和所有權分離。

奇美公司二十五週年慶時，許文龍的演講中提到：

而以現代經營的觀點言，我們從一個家族式的小企業成長到今天，其中因素之一是：「脫離家族經營，以組織運營。」

在公司成立初期，我們就確立了「經營權與所有權分離」的觀念，自外界聘請無限的優秀人才來經營，以突破家族式經營的瓶頸。

同樣的，我們強調以組織制度運營，排除一般中小企業老闆個人英雄式的集權管理，讓每一位從業同仁能夠各在其位、發揮所長，使公司持續，安定地成長。

他不是只說說而已。在實際的運作上，他真的做到了。

一九六八年，仁德實業公司成立時，總經理就是「外人」了。這是奇美集團將「經營權」交到「外人」（非股東）手上的第一次。這一次的突破，為奇美集團開闢了一條由外界聘請人才委以經營責任的途徑。此外，這一方式陸續推展開來。

一九七〇年一月，張源漳應聘為保利化學副總經理。五月，陳錦源應聘為保利化學廠長。張源漳原任職中國生產力中心，陳錦源在台達化學。他們與奇美集團沒有任何親戚關係或資本關係，純粹是「人才」取向。

經營委員會：「無私」精神典範

「經營權」的交出，最令人放心不下的總是：經營者如果胡搞一通，該如何是好？

在這方面，許文龍的「布局」更是高人一著。有時想想，「高招」其實多半很簡單，只是人們被私心或傳統蒙蔽，不願採用。許文龍在「私心」方面，特別看得開，或許正因為有「大公」，故有「大得」。奇美的經營權是用「委員會」來管理。

「委員會」的好處可以「集思廣益」，避免「獨斷」。委員會的「成員」分「常務」與「一般」。經理級以上即有機會出任常務委員，課長級以上即可出任一般委員。

公司的幹部加入「決策過程」中，是最好的在職教育，它可以讓員工思考問題時不再只從「自己」身上出發。甚至，還可以了解到「公司」為什麼這麼作。

奇美集團的「經營委員會」是台灣商界中少見的「發明」。它自一九七〇年代迄今，已運作超過四分之一世紀，其績效非凡，大小戰役之計畫、擬定、出發、執行，全出自該委員會，其效率之高、思慮之密，無以倫比。

組織章程規定翔實

該委員會的組織章程如下：

■總則：

一、奇美實業股份有限公司經營委員會（以下簡稱本公司、本會）係根據本公司董事會之決議（民國六十年六月四日）組織之。

二、本會隸屬本公司董事會，其改廢應呈請董事會決定之。

三、本會之決議不得牴觸董事會權限及公司各項規程。

■設立目的：

四、本會之設立目的，在於稟承公司之經營方針，釐訂經營目標，策畫達成目標所必須採取之各項方案、措施及協調，俾執行部門得以有效推行經營活動。

■職能、權限、組織、運營：

五、本會之職能、權限、組織及其運營等，悉以本規程所定為準。

六、本會由常務委員及一般委員各若干名構成。常務委員由董事長提名經董事會通過任命之。一般委員由總經理提名經常務委員會通過呈請董事會任命之。

七、具有下列資格之一者得任命為常務委員。

(一)董監事。
(二)經理職以上人員或其級別在四十級以上者。
(三)其他由董事會聘任者。

八、具有下列資格之一者得任命為一般委員。
(一)課長職以上人員。
(二)四十級以上對公司有特殊貢獻績效者，若四十級以下人員須事前呈請董事會核准。

九、本會常務委員會之任務如左：
(一)公司內部有關組織、管理規則、制度等之立案。
(二)公司員工之賞罰、升遷、薪資待遇調整等之立案及預備審查。
(三)經營目標之設定及目標達成成果之評價。
(四)一般員工之任免及重要人事之推薦。
(五)董事會委任事項之研究。

十、經營委員會及常務委員會之開會為不定期，但每半年至少須開會一次。由總經理召集，並主持會議之進行及議決，委員會之議決以多數決或主席決定之。

■任期：

十一、本會委員任期一年，得連選連任。

十二、委員任期中，如有金錢上不法行為，洩漏公司情報或機密，利敵行為，致使公司蒙受重大損失者，由董事會或本會臨時決議予以即時解任。

■**解散：**

十三、本會如有超越由董事會所委讓權限之行為時，得由董事會下令解散。

■**其他：**

十四、本規程由董事會審查通過後實施，其修改亦同。

十五、本章程未規定事項得呈請董事會解釋之。

委員會初始名單

成立之初，其名單如下：

■**常務委員：**

許文龍、宋顯華、吳燧木、程榮文、張源漳、楊再禮、朱玉堂、林雲騰、黃仲垣、陳俊郎

■**一般委員：**

宋瑞琳、張良輝、吳金券、許振東、陳昭明、廖錦祥、李飛鵬、洪宗立、汪永信、

劉光弘、簡光重、林炳華、宋弘次、卓薰詰、魏清厚、唐燦容

上述的經營委員會，在民國六十年六月四日的董事會，即通過這一決議，在法律上，公司的意思機關（董事會）正式通過公司的這一決策意思。

一九七二年七月一日，總經理正式聘用「外人」張源漳。

一九七三年三月十七日，董監事會正式通過委員會的組織章程。

決策快，掌商機

近四分之一世紀來，奇美集團的建廠、擴建、投資、研發等所有重要決策，只要這一「委員會」開會通過，就可立刻動手開工。

一項上億元的建廠計畫，在這一委員會中，可能是以十五分鐘不到的時間即告敲定，並立刻著手推動。決策快、動作快，是奇美集團成為國際上最大型ＡＢＳ廠的重要關鍵。據說，奇美集團的股票迄今不肯上市的原因，與此也有關。

許文龍曾笑著解釋：「上市公司的重大決策，一定要召開董監事會，在等董監事會召開的行政流程中，我可能已經把工廠建好了！」商機稍縱即逝，決策要快、動作要快，而且要正確，「經營委員會」全做到了。

「經營委員會」最扎實的績效是，一九七〇年代起，許文龍有四、五年的時間常駐

海外，而經營委員會卻能謹慎且允當地不斷前進，國內企業穩定中持續成長，讓許文龍無內顧之憂。

企畫處與經營委員會

除了有「經營委員會」之外，奇美集團在體制上還多了一個「企畫處」，以更客觀的角度來看待全體關係企業。

朱玉堂形容和比較這兩個組織，他描述道：

「從組織結構看來，企畫處與經營委員會都是屬於董事會，但兩者之間略有不同。一、經營委員會是由各公司自己組成，各負責該公司的經營，與其他關係企業無關。企畫處則不同。它雖然隸屬於奇美董事會，但守備範圍是全體關係企業（當時包括奇美、保利、佳美、奇菱、仁德油倉、冷凍等）。二、企畫處是正式編制的組織，成員是支薪的專任職。經營委員會的委員則由公司成員聘兼，不計酬，任期有一年的規定。企畫處的經費由各關係企業分擔，而各關係企業可以要求企畫處提供服務。」

企畫處的宗旨與編制有其值得外界參考之處，特附於後。

一、宗旨：

綜合企畫處之設立目的在於成立一個幕僚部門，由比較高次元的立場為奇美關係企業集團設計長期的發展構想，並協助奇美企業集團之構成分子改善體質，調整相互間共同利害問題，釐訂方案為將來之發展，而現階段應採取之措施，冀能加強各分子企業間之有機性的配合，藉以收到經營上之相乘效果。

二、工作內容：

有兩方面，第一方面是研究擬訂使奇美關係各企業，構成一個總體而運營的方案，這一方面的工作為：

(一)各構成企業之長期經營計畫之擬定協助及綜合調整。

(二)各構成企業間之配合問題之研究，包括資金之有效運用，技術及市場方面之互相支援，情報之儲存及交換，人才之養成及交流，研究開發之集中化。

(三)中樞組織之設立推動——電腦系統導入之準備。

(四)海外事業之綜合管理及發展計畫之擬定。

另一方面是對於個別構成企業提供服務，即對構成企業之：

(一)經營管理診斷——現狀分析。

(二)協助建立管理制度及改善管理。

(三)需要預測及市場調查。

(四)長期計畫擬訂、援助及其評價。

(五)員工訓練之協助。

(六)法務關係：如訴訟、契約草擬、法令規章之研究整編，專利、商標等之辦理。

(七)公共關係：如對外新聞之發佈宣傳、廣告、各公司簡介編輯等。

(八)經營績效之評價。

三、編制：

以上工作內容，性質上是經營管理服務（Management Consulting）擬由對市場推銷，生產技術、經營管理、財務會計法務有相當經驗人員編成，並設事務人員處理庶務，另可聘學識者為顧問。

四、經費：

由各構成企業共同負擔之。

五、授權範圍：

綜合企畫處在本質上是幕僚組織，故無直接之行政權及指揮權，現暫直接對奇美實業公司董事會負責，另對各構成企業提出該處收支報告，其行動基準應遵守經營管理顧問師之道義及規定保守各企業之祕密，各構成企業亦應對該處提供所需資料。

17 老莊式管理哲學

有了「經營委員會」和「企畫處」，等於是公司的「革新司令部」已經出現，接下來的就是如何出擊了！

人性管理的出擊

有人曾說，公司規定的破壞，多是來自老闆，公司的改革良策，則常來自公司不重視的「角落員工」。奇美集團的老闆股東們，未必聽過這般說法，但是他們可是作得不錯，公司的規定，老闆一向都很遵守。

老闆許文龍不但遵守，且沒架子，公司內流傳著一則笑話：

有一回，許文龍到鹽埕廠之員工休閒活動中心游泳，見一員工也在池內，乃笑著打招呼，並問對方是哪一單位。

對方不但未直接回答問題，還反問一句：「你是哪個單位？」

許文龍無奈地笑了一下，就走開了。

奇美的待遇佳，是南台灣業界公認的事，每次公開招考員工，總是各方擠破頭想進入成為一員。但是，老闆們（家族股東）出面「關說」的情形，少之又少。照理，私人企業，自己又是老闆，雇用一些親朋好友的子女，是再天經地義不過的了。但是，換個角度想，用人不唯才，只是靠關係，日後管理上的問題，必於茲產生。

老闆自己不破壞規矩，這只是消極面而已，積極面要員工能群策群力。在這方面，奇美集團有不少相當不錯的構想與設計，如：提案制度、目標管理、員工入股與分紅等等。

提案制度刺激創意

當年負責企畫處的前副總經理朱玉堂回憶道：「所謂提案制度的目的，是要從業員發揮創意，促進從業員對經營合理化與提高生產力之同心協力關係，而提案種類則涵蓋經營活動之全部範圍，包括促進員工健康、提高工廠安全、增進產量、提高品質、改善包裝、改善製程、拓展銷售、提高士氣，以及其他認為對業務有益之提案。」

提案制度（Suggestion System）原本也是發生於美國的經營管理技法，戰後引進日本，才有發揚光大的機會。日本人就是這樣子，他們善於模仿，但徹底地做，好像傻瓜一樣。他們不僅模仿硬體，也模仿軟體，最後變成自己的know-how，美國人反過來學他們。台灣也引進提案制度，生產力中心曾經編印小冊子贈送企業界參考。

提案制度公布實施的同月收到一件提案，是加工課提出的，提案內容是西洋棋加工改善固定器與模具規格化配合機械操作。審議委員會審查該提案之後，認為每年可節省十萬八千元，便發給四千元獎金。根據胡榮春的統計，提案件數到一九八四年八月為止，共有七十五件採用，每年節省的金額估計二千四百二十二萬元，發給獎金三十二萬六千多元。

這些提案改善的效益雖然隨著鹽埕廠的結束而消失不復存在，但是制度本身還存在於合併之後的奇美，繼續刺激每一從業員的創意。這是一種無盡藏的資源，比石油、礦產都重要，問題是如何去發掘它。朱玉堂指出，經營委員會一成立，就推行目標管理與提案制度，並由企畫處負責追蹤考核。而提案制度是在目標管理之後才推出。

目標管理效果大

何謂「目標管理」，朱玉堂解釋得相當深入。他指出，目標管理（Management by Objectives）是一九五〇年代末期開始流行的各種管理技法之一。所以在這時點來說，並不是什麼新奇的玩意兒。管理本來就是plan-do-see的循環，而plan必須要有明確、具體的目標，不要像政治口號曖昧、空洞、虛偽、自欺欺人。

奇美的目標管理以六個月為一期，各實施單位在「期初」提出管理卡。譬如說，企畫處（也是實施單位之一）於一九七三年一月二日提出該年上半年度的目標管理卡，遵照上級目標，自行設立五項工作目標及日程計畫，呈請上級核准。這些目標執行的實績在期終檢討，自己評估達成率。以此例來說，企畫處一九七三年上半年度的目標達成率是七七％。

半年度目標按月執行檢討（見月份目標執行檢討表）才能確實把握計畫目標的進度。目標管理制度在奇美推行一段時間之後收到相當程度的教育效果及漣漪效果，保利及仁德也相繼實施。

「相對性」的替人設想

奇美集團的「人性管理」在一九七二年的時代推出，其「先進」的程度，一點也不遜於歐美。

而這應也是奇美能獨步全球，稱霸世界的關鍵。它以最人性、最健康的企業體質，並趁早奠下良好基礎，使它有機會迎接成功的來臨。單單以「提案制度」、「目標管理」是絕不足以成大事的。最可貴的應是「分紅」與「員工持股」的制度，才能落實員工的向心力。

許文龍一生的思想，受老莊的影響頗深，看得開、看得淡只是老莊思想的一小部分，許文龍結合老莊思想與自己的見解，而發展出另一套相當富哲理的「替人設想」。

他以「莊周夢蝶」來形容，是莊周夢見蝶？還是蝶夢見莊周？這麼有趣的問題可以提醒人們，凡事只是「相對性」，而不是「絕對性」。既然凡事只是相對性，替人設想也有其相對性，對人好也要分等級，於公，先照顧員工，再照顧來往廠商，最後是市場大眾；於私，則是先親人，而後朋友，且不可以私害公，公私倒錯。於公，公司賺錢，股東分了紅，員工自然也該有。

分享「已賺到手的錢」

奇美曾經在年終結算時，發現利潤太好了，竟還主動向廠商「退錢」，表示不好意思，賺得超過預估太多，所以退還一部分價款。乍聽之下，這似乎是不太可能，錢賺得太多，所以主動「退錢」。

其實，這是許文龍經商高明之處。其花費不多，但效果卻是驚人。

試想：這是商場上別人從未有過的經驗，任何一個被「退錢」的商人，一定半信半疑，且高興不已。基於此，必萌生一股「信任感」或「好感」，即奇美是可以信任的廠商，它不會只圖暴利或短視近利。

再者，站在奇美的立場，也是有利無害，因為平日交易是靠殷實的手法而取得信賴，原已省掉不少交際費，如今利潤確實太好，「酌退」一部分也是應該的，與其納入「自己已夠的私囊」，不如退給下游的合作廠商。這是人性操作上的理想面，在現實商場中，一般人做不到。

奇美的信譽，與許文龍的思想有密切的關係。「相對」於別人的作法，許文龍常有比別人更有效、更健康、更能吸引人的邏輯與技巧。「佣金」（或退佣）是商場上常見的籠絡招數，奇美公司不用這一套。但是，偶一為之的「退潤」，卻是令業者大驚，且為之折服。

退佣與退潤，兩者相對有很大的不同，一者是為了交易的達成，而加以允諾或勾結，退潤則是交易已結，銀貨兩訖，卻還拿出「已賺到手的錢」。退的都是「錢」，但兩者相對意義截然不同。

分紅與員工持股

許文龍善於在相對之下作出高招，「分紅」和「員工持股」也是如此。員工應該如股東般分紅；但是金額要相對的少於股東，持股也是如此，而且員工股的權益也要「相對的」調整。

奇美員工持股的股金，是「貸款的」，由公司「無息」貸與，這筆貸款除非離職，不然，可一直欠著。若是離職，也還可依淨值扣貸款，拿走公司連年累積的利潤。假設員工配股配得五萬股（一股十元），五年後，五萬股配股成十萬股，且股票淨值是一股二十元，則該員工如要離職，以十萬股乘二十元再扣掉多年貸與的五萬股每股十元，該員工還可拿走一百五十萬元現金。若不離職，每年可依配股分紅。

奇美公司的「分紅制度」和「員工持股」，是國內企業中少見的「良好制度」，甚至，有些立意頗善的企業想加以模仿，卻不易達成。

分紅與員工持股之所以能作得成功，其關鍵在於：

一、關係清楚的法律結構：許文龍本人或許不是法律專家，但是他所提出的員工持股辦法，卻是將民法所有權的規定，做非常漂亮的切割與利用。民法中對所有權的規定，可再細分為：「占有」、「使用」、「收益」、「處分」，及「排除他人之干涉」。

奇美的員工持股，是將員工的「占有權」、「使用權」和「處分權」加以凍結。但是卻將其「受益權」作最佳的保障，讓持股的員工，連年不斷享有股額成長、股利分紅的樂趣。

事實上，員工擁有股票的「使用權」未必很正確，萬一，道聽塗說且專業能力不足卻又愛管事，對經營者來講，是不必要的困擾。再說，員工若是有「處分權」，見漲心喜而將股票亂賣，導致對手財團介入，引狼入室，更是麻煩。

因此，許文龍以非常巧妙的「權利分割」，將員工持股的權利，切割成有好處而無困擾的境界，讓員工可以安心分享紅利，而經營者也可以專心衝刺，不必再費神於勞資糾紛。

二、實施的時機很早：大概可稱之為先馳得點吧！因為實施得早，提撥予員工的股比不至於過重，再者，持有員工隨著年資而慢慢成長股額，其歸屬感自必日益增加。

三、原始股東的認知與心胸：將自己的錢拿出來與別人分享，這是不太可能的事，但是，將別人幫我們賺的錢，拿出來作彼此合理的分享，則是有可能的事。

不過，就算有可能，也未必每個人心甘情願。奇美的原始股東，全是自己家族的成員，許文龍自己帶頭，讓出自己的股，同時也得到楊許仙里的支持，而讓此一美事，在一九七三年就得以推出。

合理共享，留住人才

許文龍曾經很感慨地回憶道，當年合作的美信公司，如果願以一〇%的利潤與他分享，他也許就不會離開了，那麼今天的塑膠業可能又是另一個局面了。沒有合理的共享，人才是留不住的，沒有人才，就沒有企業。中國字很有意思，企業的企字，上面是人，人一拿掉，不就剩下個「止」字，一切也都要喊停。

許文龍堅信幾項原則：

一、公司股東能夠悠閒地生活，是建立在從業員辛勤的工作上，股東應當心存感念。

二、從業員把畢生青春奉獻給公司，公司有義務改善他們的生活。

三、從業員持有的股份，即使不多，但是，每年分配的盈餘，對於退休後的老年生活，也是一種保障。

四、把將來要留給下一代的一部分財產，分給從業員共享，以換取他們對公司的忠誠，也不失為保障後代財產的明智之舉。

五、公司的盈餘讓從業員來分享，可使員工懷有與公司共榮共存的心態，收到激勵員工努力工作的效果。

18 人才與情報是決戰主力

奇美之所以有今天，絕非偶然，其靈魂人物許文龍的腦筋是永不停地在動。所以他常說：「經營是適應環境的活動。」因此，無論是經營理念或公司的體制，是要隨著周圍環境而改變。

奇美實施資本與經營分離制度及員工持股辦法，皆已獲致相當的成果。接著他在一九七六年下半年開始在組織型態上作了一項改革，實施「事業部制度」。此種制度在當時日本及歐美都已採用。

聯邦式分權事業部制

奇美公司採用的是聯邦式分權的事業部制，在此之前，奇美是採行集權式的管理。許文龍認為，當一個企業體的規模日趨龐大時，常常使組織陷於疊床架屋，決策的沉滯遲緩，更導致企業活動失去了機動性及突破性。

集權式的管理，其公司組織型態是採用職能型的組織，許文龍發現職能型之管理，其最大的缺點在於兩個不同職能的單位，受事業智能的限制，常在公司整體營利活動中趨於對立，產生不合理、缺乏時效與高度浪費。

奇美採用事業部制度後，將公司按產品別分成壓克力、化粧板、加工品及化成品等四個事業部，另外又成立一個提供服務的管理處。每個事業部都是各自以利潤為中心的獨立部門。對上級所交付的利益目標負責外，把一切有關於生產、運銷、採購、品管、廣告等職權盡可能授予事業部負責人。

實施事業部制度後，各部門無不竭盡所能達成目標，其榮譽感及成就感，足以使各部門的上下員工培養出一種堅強的團隊精神，而其競爭之意識，無形中不需假借外力，即自動予以強化，使目標管理更趨於完善。

事業部制度在一九七〇年代的台灣，可以說是一項非常新潮流的制度。不過，事業部制有一很大的弊端，即各部門只顧「利潤」，不看公司整體長遠目標。許文龍發現此一問題，乃採事業部的精神，即各部門有很大的發揮空間，但不必負責追求利潤，不必擔心責任。許文龍以此獨特方式來兼有事業部的優點，卻不必受本位主義的束縛。

而誠如許文龍所說的，奇美公司之所以敢於極短的籌備期間內，實施改制計畫，就是憑藉著一個很高行政效率的機構，以及各事業部負責人的智能、經驗、熱忱，足以勝任各部門的重任。尤其更令許文龍引以為傲的，就是奇美擁有一項無形的資產——忠誠及敬業樂群的從業員。

引進電腦處理內外業務

施行事業部制度的一項特色，就是要各部門對自己的盈虧負責，因此必須先確定各單位之歸屬及費用分攤原則，並訂定內部轉撥價格，以反映成本。上述的帳務處理，都需要個別來做。以當時公司的成本課只有二、三人，根本無法應付。

於是，在隔年（一九七七年）引進一部王安電腦（2200－T），專門處理資料。該部電腦處理能力不大。不過許文龍以為電腦並不是買一部硬體就了事，軟體的開發與人才的培養，才是成功的關鍵。當軟體的準備工作都已經就緒後，該公司便引進更大容量的機種。而電腦的利用層次，也逐漸的提升到人事管理（包括考績、升遷、異動）、成本會計、內外銷業務（出貨、文件處理、授信），及資材料管理（採購、倉儲、工程發包）。

電腦化管理在一九七〇年代的台灣是不多見的，但許文龍對先進技術一向不吝嗇。

網羅人才，蒐集情報

許文龍對於情報的蒐集向來很重視，這是早期奇美與金龍記角逐壓克力市場致勝的原因之一。他透過各種管道蒐集資料，把金龍記（謝水龍之店名）的產銷情形瞭如指掌，最後採取制敵機先的策略，將金龍記一舉擊敗。

為了掌握國外的情報，奇美於一九七四年六月一日，在日本東京設立事務所。聘請三菱孟山都的有森豐為所長，專門蒐集有關技術與生意方面的情報。早期奇美關係企業的主要原料與副資材，均仰賴日本廠商提供。如ＭＭＡ與ＳＭ均長期由三菱供應，其他保護膠紙、觸媒之類也都需從日本進口。雖然奇美曾經努力分散原料的供應國，但是基於種種原因，日貨的比重仍居高不下。設立東京事務所的功能，就是在於隨時蒐集扶桑的原料商情，充分掌握原材料的供應無缺，及國際市場上的價格波動。

其次，技術情報的蒐集，與人才的羅致，也是東京事務所的重任之一。保利化學在前一年就已著手研究ＡＢＳ的生產。不過，在製程技術仍有許多盲點待突破。於是，許文龍利用東京事務所，在日本聘請原遵司為技術顧問，開發高橡膠含量ＡＢＳ的製程，同時導入ＡＳ生產技術後，問題才有了解決的端緒。

人才與情報，是企業體對外決戰的兩大主力。

許文龍重視情報，卻不重視「形式」。情報的來源很多，但不可拘泥於「事務所」，當一九八〇年代，交通與通訊快速且方便之時，許文龍察覺世界各地的事務所，不再有其積極性，但成本卻很高，乃一聲令下，結束全球各地（紐約、新加坡、香港、東京，甚至國內台北、台中、高雄）的「事務所」，連業務員、倉庫等也縮編。

全球情報點的建立不容易，但撤收更不易。許文龍再一次以快速建立、快速撤收來展現其「時機」與「效率」的敏銳。

19 東南亞投資鎩羽而歸

自從李登輝總統訪問東南亞之行後，東南亞的投資又成為台灣商人的熱門話題之一。而早在一九七〇年，許文龍就曾經在短短的六年之內，於菲律賓、泰國、馬來西亞、印尼等國，和當地的華僑合作，設立了許多家塑膠公司，雖然後來成功的少，失敗的多，但是，卻給了許文龍許多寶貴的經驗與體認。

所謂「他山之石可以攻錯」，以下所記述的，是奇美早年在東南亞投資設廠的過程與結果，值得作為台灣人未來到東南亞投資的極佳借鏡。

菲保利經營成效佳

一九六三年時，奇美就已有壓克力玻璃出口到菲律賓，由當地的貿易商百通行代理，及至一九六六年百通行與奇美正式簽約，取得奇美壓克力玻璃在菲銷售的總代理權。

當時的東南亞政府，都很希望進口產品能夠在當地設廠生產，以利就業率的提高。東南亞的華僑商人一向都很機靈，百通行的經理楊丕頓也不例外。他提議在菲國境內設廠，引進奇美的壓克力玻璃及奇麗板、美化板等生產技術。於是許文龍投資菲律賓——設立菲律賓保利公司。一九六九年三月三十日，動身前往菲律賓考察，並會晤楊丕頓及有意投資的當地人士。

同年七月二十二日正式成立菲保利實業公司，並於九月十六日，由奇美與菲保利公司簽署投資協議書如左：

一、奇美提供技術生產的產品包括壓克力玻璃及奇麗板、美化板。

二、上項之技術權利金為美金五萬元。

三、正式生產後，菲保利還得付給奇美技術報酬金，其中壓克力玻璃二％，奇麗板及美化板各為〇・七％，均按銷貨金額計算，期限為六年。

四、訂定奇美技術人員到菲律賓期間的待遇問題。

五、投資金額為美金四十萬元，奇美投資美金六萬元，佔總資本額的一五％。

菲保利公司是許文龍在東南亞投資最成功的一家。菲保利與奇美公司可以說是合作無間，結果它的經營狀況最好，它完全取代奇美在印度、孟加拉、巴基斯坦等地的市場。

披荊斬棘四將軍

菲保利總經理吳民民，是在美國受教育的第二代菲僑，接受過西方國家近代經營思想與理念，所以他能誠實地履行與奇美雙方在合約上所規定的義務，包括技術報酬金與盈利分配。

吳民民一方面履行菲保利應盡的義務，另一方面，他也不忘記如何行使應享的權利，這就是他的聰明之處。他從支付奇美的技術報酬金，取回更大的收益。譬如，他透過奇美的關係，從同一管道採購到ＭＭＡ及不飽和多元酯等主要原料，使他不僅在價格上不會吃虧，而且在後來全球發生石油危機時，確保了穩定的原料供給。

許文龍派遣奇美的四位技術人員前往菲保利當技術指導，其中，以小學畢業的周鴻江表現最為傑出，總經理吳民民知人善任的委以總經理之大任，使得周投桃報李地傾囊相授。尤其是有一項重大的生產技術改良，使生產力突然大幅提高。那就是將舊有的迴轉式注型機，改為直線式的，並把台車增加為十五層。這一改進有三大優點，一、是生產線所占空間縮小，二、生產線短，提高生產力，三、減少生產人員。這種技術性的突破，即使在當時台灣的奇美也尚未採用。

周鴻江在菲保利廠的技術性突破，使許文龍又獲得一個觀念：能夠不受體制約束，而拋棄固定的觀念，比較容易在技術方面有所突破。

海外投資慣選合夥對象

奇美在東南亞合資設立的其他三家公司，就沒有菲律賓保利公司那麼幸運。尤其是泰國的保利公司，從一開始，對方合作的動機就不太純正，先是藉故不付技術報酬金，每年的盈餘也不分配，甚至反過來，責怪奇美在技術移轉方面有所保留。

由此可見到海外投資設廠，尤其是合作投資，合夥人的因素是最重要的。若是投資人雙方面不能誠實以對，甚至有一方存心坑人，成功的機會就很渺茫了。

馬來西亞塑膠公司的情況也與泰國保利公司相似，馬塑公司與奇美合作令人不滿意，因此也讓奇美在後來的東南亞投資，產生了很大的警戒心。而當時奇美也正準備要在印尼介入一項更大的投資計畫。

馬、泰建廠效率第一

許文龍投資馬來西亞塑膠公司，是與投資菲保利公司同時進行，兩案同時於一九七〇年八月三十一日，獲得台灣經濟部投資審議委員會的核准。

許文龍認為，以同一模式在東南亞設立壓克力玻璃與化粧板工廠，建廠工作如再同時進行，則可以節省很多的費用，提高這些工廠的競爭實力。馬來西亞塑膠公司的實收資本額為美金四十萬元，奇美投資美金八萬元，占總股份的二〇％，其餘八〇％由以洪敦樹為首的華僑資本。馬塑公司的生產項目也跟菲保利一樣，包括壓克力玻璃與化粧板。雙方簽定的合約，奇美提供技術的代價是一・五％的報酬金，期限為五年。

當年馬來西亞的技術水準落後台灣很多，而當地工人的工作效率又低落。奇美派去的五位技術人員，在炎熱的夏天不眠不休地從事建廠工作，包括由台灣運去的機械，都是他們親自安裝的，在短短的五、六個月內，終於完成了試俥，並進入生產階段。奇美人員在馬國設廠的高工作效率，正顯示出台灣技術人員刻苦耐勞與忠於職責的精神，而且也讓海外人士看出，台灣的經濟奇蹟絕非偶然的。

菲保利公司於一九七一年三月十五日正式開工生產，馬塑公司則於同年四月一日竣工量產。而建廠時間與菲保利相差沒多久的泰保利公司，也於下半年開始推出產品問世。許文龍同時在海外三個國家投資建廠，而且在同年順利興建完成。這種不出手則已，一出手就是三國同時建三廠的魄力，倒是相當奇特的；更有趣的是，出手快，跌得也快，不過，功夫好的人恢復得也快。

UPI事件

一九七二年年初，當時奇美在東南亞合資建立的幾個廠，都已順利地竣工量產。而由於在馬來西亞設立馬塑公司的緣故，奇美與馬來西亞洪敦樹集團，正處於蜜月時期。

於是很自然的，他們又繼續籌劃另一個更大的投資計畫。由三大集團在印尼設立一家大規模的塑膠工廠——此即印尼的新聯塑膠（簡稱UIPI）。

上述三大集團為：以洪敦樹、陳國恩等一批華僑為主的當地資本、台灣的奇美公司及國鼎塑膠公司（此乃當年蔡辰洲國泰塑膠的子公司）。對於此項大計畫，奇美可以說仍是獨挑建廠工作的大樑，因此傾全力促其絕對的成功。除了負責建廠之外，還得為其在印尼建立新的銷售網。而且奇美更為新聯塑膠公司建立了一套近代化的經營管理制度，使它日後能健全的發展。

許文龍特地派出奇美的許瑤華坐鎮印尼當地，指揮整個建廠計畫的推動。除此，還從台灣調去三十名以上的奇美人員支援。

許瑤華出身貿易領域，派駐海外建廠，內心忐忑不安。許文龍則勉以：「將軍是不必掛兵種的。」意味第一線的指揮官不必太在意技術面，重要的是策略。奇美為了新聯的建廠，可以說是全力以赴。可是奇美付出這麼多的貢獻，直至後來所得到的，卻是負面的成果，此實出乎許文龍意料之外。

海外奇美人員在許瑤華的指揮下，與國內企畫處朱玉堂的周詳規畫及後援搭配，同心協力地致力於建廠的完成。由於當時印尼很落後，樣樣都得仰賴人工，因此工作效率極低落，當地的華僑股東到現場視察時，始終懷疑奇美人員能否如期達成試俥並進行量產。

而許文龍卻像一個百戰百勝的司令官，信心十足地向華僑股東保證，奇美公司派來的人員絕對不負使命，必定能夠如期地完成建廠的工作，他並聲稱，若有延誤時間，奇美願負完全責任。

六個月後，當新聯公司正式試俥成功，並開始生產的消息傳到新加坡華人的耳裡時，他們都感到很意外，但也同時對奇美人員的表現持肯定的態度，尤其佩服許文龍的領導能力。

遺憾的結局

一九七〇年代的印尼，正如一塊處女地，市場上充滿著無限的創業機會。華僑商業資本第一次碰到不同次元的商機，他們第一個直覺反應，就是想盡辦法要獨占它。他們認為奇美已完成建廠的階段，應該可以走下舞台，由他們來接管後來的豐碩成果。

以當年台灣政府與印尼的疏離關係，台商到印尼投資根本得不到政府的保障，只能自求多福。洪敦樹等華僑集團於建廠完成後，態度丕變、內心生異，他們突然發狠，將整個公司獨吞下去，而奇美在孤立無援的情況下，於一年不到的時間，被迫撤離印尼的新聯公司，令許文龍感慨萬千，但也得到很多的體認。

洪敦樹等人為了併吞奇美的投資，有計畫地「蒐集」與許文龍所有來往資料，再恐嚇要向國民黨政府檢舉許文龍非法匯出外匯（當時管制）。此外，在經營上也一再製造「股東對立」，所謂對立是聯合華僑股東對付來自台灣的許文龍。最後，許文龍不堪其擾，有意撤資，洪某等人卻要以「分期付款」的條件支付。

許文龍體認到，華僑是看不見的另一個中國，華僑資本是一種外國籍資本。二次大戰後，他們逐漸感覺到民族資本的排斥壓力，亟思偽裝自己，不能再苟延殘喘，於是他們找到投資生產事業的掩飾方法。但問題是，華僑資本不能脫離商業資本的思想本質。商業資本是不作長期打算的，最好是今天投資，明天就可以連本帶利收回。這也就是華僑資本隨時做逃難性的準備，而產生保障自己的本能。

台灣與華僑的資本結合，也許有利益一致的因素，但由於雙方面商業思想上的乖離，使得早期台商到東南亞投資合作事業，常常造成令人遺憾的結局。

投資東南亞，若是以收益來衡量，奇美的確不很成功。但是，許文龍從另一個角度來看，海外投資事業仍然是成功的。他認為，至少確定奇美在建廠技術與效益方面，是超人一等的。這些建廠技術，在後來發揮很大的作用。

20 PMCI投資失利

許文龍同時在菲律賓、泰國、馬來西亞合資建廠，日本方面的三菱集團對於奇美的動向，始終予以密切的關注。尤其是三菱商事，他們由於供應原料MMA給菲保利、泰保利、馬塑公司，對於奇美在東南亞建廠的動態，知之甚詳，只是始終無法插上一腳。最後，機會終於來臨了，三菱商事逮到了絕好的機會。

PMCI空殼子

馬尼拉有一位青年企業家叫做Pua（後來改名為Mapua），他是菲律賓第二代華僑，擁有纖維工廠及雙氧水（H_2O_2）工廠，同時也經營貿易事業，而且與三菱商事有商業往來。Mapua事業心很強，他與菲保利的吳民民是同學。他很想成立一家生產GPPS的工廠。於是，他先組織了一家公司名叫PMCI（Polystyrene Manufacturing Corp. Inc.），並找來當時菲律賓總統馬可仕的弟弟來當副董事長，目的在於遂行日後的種種方便。

ＰＭＣＩ剛成立時只是一個空殼子。既沒有技術，也沒有建廠資金。Mapua一方面向三菱商事的馬尼拉支店借錢，一方面要求三菱介紹台灣的保利公司，提供其技術。此時，負責與ＰＭＣＩ公司接洽的是三菱馬尼拉支店的副店長山中先生。

一九七二年十月，山中陪伴著Mapua到台北，在三菱商事的台北支店，與許文龍見面，並南下參觀保利工廠。原則上，許文龍也同意與ＰＭＣＩ技術合作。

一九七三年二月，奇美派遣陳錦源前往馬尼拉，陳在馬尼拉滯留了一個月，對於建廠規劃做一個詳細的報告，回來台灣後，於同年五月經由三菱向ＰＭＣＩ提出建廠的詳細資料，包括機器設備估價單，以及廠房配置圖。

前面提到，ＰＭＣＩ僅是一個空殼子，建廠的一切必備資金均透過三菱的安排，向美國紐約的三菱分公司ＭＩＣ（Mitsubishi International Corp.）提出貸款要求，再由ＭＩＣ替ＰＭＣＩ開具信用狀給台灣的保利公司。ＭＩＣ為了保障他的債權，要求菲律賓開發銀行提供擔保。此時，馬可仕的弟弟可能就發揮了很大的影響力。

選錯合作對象，滿盤皆輸

奇美與ＰＭＣＩ合作建廠的時間，恰逢世界有史以來的第一次石油危機。當時無論是機器設備或是零配件，幾乎都是一日三市。保利公司要求廠商報價，報價單的有效期限都載明為五天，這麼短的期限，連寄報價單到馬尼拉都來不及接收。而PMCI向三菱貸款的金額卻不能隨意的變動，甚至要求保利公司必須鎖定報價。

許文龍一方面接受菲方的鎖定報價請求，一方面立刻開始發包機器設備給廠商。雖然，PMCI與三菱之間的條件仍未談攏，為了報價的時效及建廠的效率，許文龍採取了此項應變措施，甚至把原來要運到新加坡的機器轉移到馬尼拉。

可是，這方許文龍是竭盡所能地忠實履行雙方的合約。而那方的Mapua卻利用建廠的機會圖利自己。據PMCI廠長Gaitos（也是董事之一）說，Mapua是一個很不誠實的人。他利用PMCI的建廠，多蓋了一座三百公秉的油槽，此油槽是要裝與PMCI無關的甲醇。另外又訂造三只一千加侖的反應槽與一只交換器，這些設備很可能都是以PMCI的資金為他私人工廠而購買的。

為此，當時台灣保利派去的陳錦源曾向Mapua質疑，卻招致其激烈的反應。後來，保利又以正式信函給PMCI，要求解釋與澄清，也透過三菱商事向Mapua表達嚴重的關切，結果，仍舊無濟於事。經過UIPI與PMCI的投資不利事件後，許文龍覺得應該縮小一時過度擴張的海外戰線。

他認為，一開始的投資是相當審慎的。奇美只是輸出技術，以技術投資如果有受到傷害，也只是擦傷，如菲保利、馬塑、泰保利等，大致就是循著這種路線去做。

他檢討，如果ＵＩＰＩ與ＰＭＣＩ也依循同等路線，可能又是另外一種結局。同時，他肯定地認為，選錯了合作對象，必滿盤皆輸。許文龍作事一向果斷，海外的投資，給了他不愉快的經驗，被「坑」的感覺強過海外建廠成功的興奮。

一聲令下，海外的投資也以最快的速度一一結束，全數收兵返回台灣。（僅菲保利一直保留至一九九〇年左右，因公司又改組，而愉快結束。）

・第五部・

奇美的三次大戰

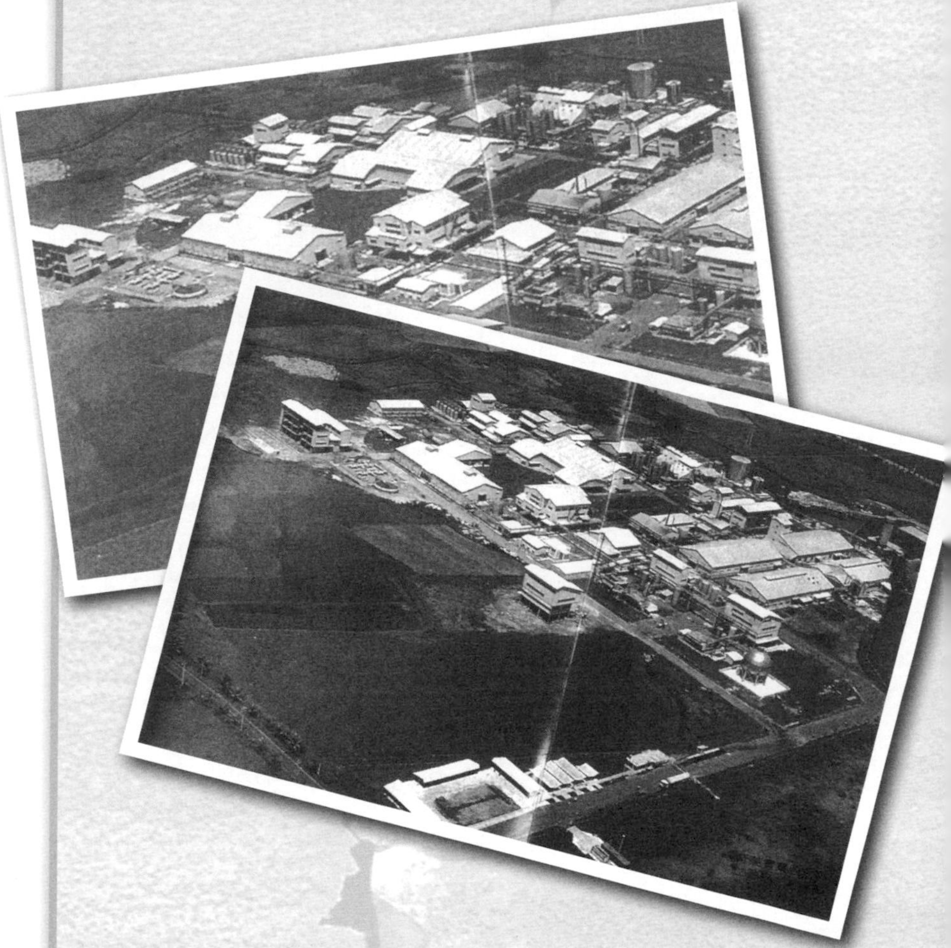

21 第一次石油危機

危機，往往是考驗人類智慧的最佳時機。

一九七三年的第一次石油危機，是人類使用石油以來，首次碰上的鉅變。在這次風暴來襲之前，奇美是如何的「未卜先知」，而立下不敗之地的有利契約，以及緊接而來的不景氣風暴來臨時，奇美又是用什麼策略，安然脫身？

這些過程猶如精彩的電影、小說情節，許文龍判斷，每個人都習於「廉價原料」（已二十年了）的思考，忘了天下事有其「物極必反」之理。所以，在「最廉價」的時候，他一口氣和日本簽下三年的「買貨合約」。

事後，物價大波動，日本反悔，價格不依合約買賣，但奇美並不以為忤，只求「供貨」正常，試想，在有錢買不到貨的時候，你有正常的貨源，是何等「鉅利」之事。

製造商導向的市場

這一生動的故事，許文龍在一九七七年十二月十七日，對奇美第二代主管談企業管理的策略運用時，有最翔實的描述：

對石油化學業者來說，一九七二年以前的二十年間，簡直就是一個完全由製造商為導向的市場。

因為能源震撼以前，原油價格非常低廉，加上科學技術日新月異，生產追求經濟規模，造成其製品價格每年節節下降，有利於工業的蓬勃發展。

例如PE粒，當一美金兌換四十元新台幣的時候，每公斤當時市價是新台幣六十元，現在一美金兌換三十八元新台幣，每公斤卻只值三五・五元左右。

把這種趨勢比一比，諸位就可以了解原料價格的下降程度。

由於原料充足，價格節節下降，製造廠商除了預期的自然災害期間外，簡直就沒有所有囤積的必要與念頭。

打破慣例「中押勝」

一九七二年，石油化學製品價格之低，達到了生產上的轉捩點，這個轉捩點是製造廠商他們已經無利可圖，因此，他們停止了擴張投資計畫，雖然，每年還持續地以一〇％至二〇％成長（需求），但已綻露了異常現象。

可惜對絕大部分的決策者來說，他們還一直沉湎於過去的美景，誤認為原料價格的下降是一成不變的。

這種慣性的推動，造成他們不敢輕易相信市場變動。雖然，他們也掌握這些數字資料。

可是，我們卻根據石化工業的各種資料研判，幸虧能在別人之前，預期這個情況的出現，乃毅然打破慣例，向原料廠商簽訂一份供應三年契約，這在當時還是一件石破天驚的大事，令原料廠商如三菱商事瞠目難辭。

檢討這個競賽似的投注，也是饒有趣味的，對這種變動的關鍵點，也許大家手中都握有很豐富的資料。

問題是，一般人習於故常，對於現狀容易感到滿足。

我們則抱著彈性的想法，認為任何事物的看法總是相對性的。而非絕對性的。況且，衡量權宜，漲價的成數與跌價的成數約為七比三，把籌碼押注在漲價這一邊上，決定向原料廠商提出長期訂約，這一著棋是最高決策者的「中押勝」。

其實，這是從有利與不利情況的比較成數中投的賭注，是經過周密斟酌考慮的結果，絕對不是僥倖。

通貨膨脹的因應措施

到了一九七二年五、六月間，原料及其製品供不應求的狀態出現了，物價開始波動。

其實，在物價波動前三個月，股票已經綻露強勢，率先扳高，市場頓呈景氣過熱現象，到處搶購囤積，一時「假需求」把市場愈烘愈熱。

在這種情況下，原料價格節節上漲，成品亦水漲船高。

當然，三菱商事等公司後來違約背信了。可是，只要我們能按契約量拿到原料，所獲得的利益實在非常龐大。

鑑於事實的變動，我們只要原料供應能持續，價格完全由三菱決定。我們不去計較這樣做，完全基於長期友好關係的維持，我們不想為了一時的利益而反臉相向。

覺察到這種異常現象，決策者首先要做的工作是，要求第一線業務人員提供情報，即刻檢討市場動向，不要被大量的訂購假象所欺騙，因為售出的東西，可能無法採購足夠的原料，陷入俗語所說「賣孩子買父親」的窘境。

另一方面，決策者這個時候，還應該擺脫傳統的會計觀念，不要以帳面上的數字為根據，這一套數字在通貨膨脹下，是一堆賺錢的數目，但在原料或實物計算基礎下，則是一套賠損的結果。

所以，物價波動，通貨膨脹激烈，決策者管理者在觀念上要適時改變，以非數字的實物來衡量損益，才能避免數字的誤算。

拋開傳統超出慣性

我們還要指出一點，在景氣好、需求大的時候，對內、外銷我們也採取兩種不同的方式：

內銷方面，我們並不一味以賺錢為目的而哄抬價格，而是按原料成本溫和地漲價，以照顧和我們一致的經銷商。

外銷方面，我們以現實政策從事交易。

這種分野，就是長期利益與短期利益的掌握，決策者絕不可以短期利益犧牲長期利益。

三菱商事是世界性的商業機構，有迅速完整的情報網，為什麼他們對這種景氣的變動，落後我們一步呢？我們認為這是他們處事慣性的習性壞了事，他們有充分的資料與情報，可是對這種資料與情報，卻失去了彈性的研析力，固守傳統的觀念而不敢相信。不如我們沒有傳統的束縛，能夠迅速對環境的變化，予以回饋與反應，我們超出慣性以外，卓然獨立以為盱衡，能得全貌。

以生存為目的的策略

景氣過熱，大家搶購物資，想囤積居奇，但是過了一段時間以後，利息壓力太大反而想拋售了，這個拋售的當口剛好碰到景氣變弱，購買力降低，兩相激盪，形成一個惡性循環，人人想賣東西，卻人人不想買東西，整個市場演變為買方市場，真是一百八十度的大轉變。這時候交易的手段約有三個方式：

第一個方式是按成本銷售，不計盈利，這種人可以說不想吃虧的人，當然他們賣不出東西的。

第二個方式是按行情銷售，不計較好壞，這種人針對事實亦步亦趨，但不知變通，銷售自然不理想。

第三個方式是只要有人出價，就迅速脫手，甚至允其隔幾天付款，見機而作，賣成品為重點以便再買原料，這樣子成交較快，脫手容易。

我們採的是第三種方式，事實證明這是極正確的策略，一切的行銷活動不是以賺錢為目的，而是以求生存為目的。

至於生產採的是「緊縮政策」，縮小生產活動，顧全元氣以待景氣復甦時，能夠立即復原。對景氣蕭條的處理，採取策略的不同，就好像在春汛出海捕魚的人一樣，如果發現風雲變色，知道強風要來了，為了逃生，甚至把網具等全部丟棄也不惜的作法，才能留得生命在。不然還在那兒收拾網具的時候，風浪一來，逃都逃不及而葬身於海了。

決策者若沒有這種徹底的覺悟，猶豫不決，最後也將如漁翁一樣面臨關閉的末路了。

不裁員、不刪減研究經費

儘管景氣蕭條的侵襲，我們內部作業還是顧及長期的利益而釐訂了政策，他方面對甘苦與共的員工卻宣布「不減薪、不裁員」的原則（不過，課長級以上幹部，可要帶頭減少職務加給），這種原則表面看來對公司的生存力構成很大的損耗，其他的公司都在實行減薪裁員，我們背道而馳，是不是我們反應遲鈍？絕對不是。我們一直堅信有人就有未來，失去了人就失去了一切，奇美非到最後一步絕不裁員，只要有了這些員工，時機如何艱困，我們總有起死回生的一天，沒有這些員工，那真要一蹶不振了。

所以維護員工既得利益，保障他們的安定列為第一優先政策。

其次是不減少研究經費。景氣顯得有氣無力，大家都對研究開發停了擺，重點放在救急的工作上，對研究開發經費大刪特刪。我們不同，我們相信天道好還，大自然有一股平衡的力量，否極泰來，由剝而復，這個時候我們投下了一元的技術開發費，將來景氣復甦可獲得二元或三元的回報。假如等到景氣復甦再行投資，那就要遲一步了。

站在巨人肩膀上作決策

壓克力第三廠的興建就是一個例子。第三廠擴建到一半，剛好景氣停滯來臨，我們還是多方設法籌到財源完成，一九七五年下半年壓克力市場景氣開始復甦，第三廠終於派上用場，假如我們停止了該廠的擴建工作，那麼我們就要白白喪失這個機會了。

保利公司也是一樣，從一九七四年到一九七六年上半年，一直處於賠累的困難狀態，我們還是排除重重困難，花了二千萬元購買了二套連續性ＨＩＰＳ生產設備。這種投資現在已經有了重大的收穫，這二套設備使保利公司在ＨＩＰＳ的市場成了一枝獨秀的局面，也產生了我們繼續開發ＡＢＳ的信心。

現在看來雖是過眼雲煙，可是當時下這個決策，幾許黑髮變成白髮呢？我們身為最高決策者，要站在巨人的肩膀看清未來下決策，不要站在矮人的身上下決策，那只有今年與明年的決策，沒有長期的決策，見近利而無遠謀。

驚濤駭浪的寶貴教訓

從過去驚濤駭浪的經驗中，我們獲得了幾個寶貴的教訓：

第一，各級主管人員平時要養成客觀的批判精神，孟子有一句極具啟發性的話：「盡信書不如無書。」我們胸壑之中不要受既成的觀念所束縛，凡百行為受慣性的推動，面臨變異的時刻，不能拿出適當的辦法處理，甚至食古不化，死執過去的經驗或教條，就非守經達變。

第二，決策者是團體的領導者，他的行為是團體的表徵，無論如何艱困的時刻不要失掉信心，有信心才能激盪部屬蔚為信心。名小說家狄更斯說得好：「最黑暗的時刻也是最光明的時刻。」處在艱困時刻失去信心，動搖意志，軍心必然渙散。決策者要記好：在最黑暗困苦的時刻，他是部屬精神的寄託所，必須以無比的信心與堅毅的領導，鼓起部屬承擔重任的勇氣，前面才能放出一片光明。

第三，這種景氣過熱，頓成停滯膨脹的現象，是人類在歷史上很少看到的世紀性大變化，偶爾一兩次並非常有，但是處理的原則萬變不離其宗，更當激勵我們去多想多活用。我們還要避免它的後遺症，那就是不要把現在的景氣去和景氣過熱的尖峰相比，景氣過熱與景氣蕭條都不是常態，我們目前的景氣每年有那麼好的成長率就是常態，所以心理上要從景氣的陰影裡逃脫出來，認清這種常態的景氣，是我們奮發振作的時候，不要沉湎猶豫，不要懷念躊躇。

第四，我們要認清這個世界的資源畢竟是有限的，不是用之不竭的。我們雖然不要像羅馬俱樂部的學人那樣悲觀，但是以後要適應潮流，從事以省資源為主體的工業去發展去投資，在資源利用的附加價值上動腦動。我們不如先進國家，唯有在省資源工業上大家站在同一起跑線上，我們才有爭勝的希望，這是我們努力的方向。

從這一篇高明的策略演講中，可以明確地看出，什麼叫「洞燭機先」，什麼是危機中的轉機。在能源危機和不景氣的倒風中，許文龍主動出擊，以高明的預見漲價，及「少賠就是賺」、「堅持不裁員」、「減少生產，但提高產品品質」、「不以賺錢為目的，以生存保命為目的」等應變措施，一一證明其睿智和高度的先見。

收縮平衡度難關

在理論上，損益平衡點的目標設定，有「擴大平衡」與「收縮平衡」兩種，許文龍在一九七四年間的另一次演講，即很明確地指出，這一波的經濟變動，要以「收縮平衡」來應戰。（按：一九七三年二月爆發世界能源危機之前，許文龍若有預感似的，於危機前的四個月（一九七二年十月），向日本三菱商事預購SM一萬噸，每噸一百三十美元，分成十二個月交貨，後來漲到每噸九百三十美元。）

許文龍的先見之明，光是SM的部分，就為奇美省下了購料成本達美金四百萬元以上（約新台幣一億五千萬元左右）。

又於石油危機發生後的隔月，當機立斷地向美國杜邦公司購買五千噸的MMA，每噸三百美元，後來漲到八百七十美元，此預購料決策，也為奇美等關係企業節省了二百萬美元以上（約新台幣八千萬元左右）。

一九七三年的能源危機延續到隔年，台灣的一些企業個體，不是倒閉就是裁員減薪。而保利以四千八百萬元的資本（後來於一九八五年併入奇美），竟然獲致一億一千萬元的稅前盈利，這不得不歸功於領導者正確的購料策略，及公司採行收縮平衡戰略。

奇美度過了第一次能源危機後，整體企業更加地茁壯。於一九七五年七月，奇美便改採擴大平衡政策，並對外招募一百一十名從業員，準備進入全能生產。

22 第二次石油危機

第一次石油危機，憑著許文龍的先見之明，不賠反賺。

第二次石油危機，可就沒那麼好受了。

朱玉堂引用日本人寺田寅彥的名言：「天災總在人們忘了的時候再臨。」一九七九年二月，第二次石油危機來襲，奇美才乍夢初醒。

財務危機刺激大

原來，奇美已經沉迷於勝利果實中太久了，整個生產與企業部落伍了，這一記重擊，讓奇美苦不堪言。然而，挑戰與回應正是文明演進的互動，也只有如此的重擊，才能讓奇美的體質再一次地蛻變。

在這次重擊中，奇美首次嘗到「財務危機」。危機來臨的前夕，奇美才剛在台南縣仁德鄉買下二十多甲工業用地，除了應償還的到期貸款外，擴廠工程也一直在進行，錢正一直投下去。易言之，公司的資金需求正達到高峰，同時，產品的銷售卻處於低潮，進帳是一直減少。

此外，當時政府的年利率在緊縮政策下，高達一八％，而且有些銀行還開始給奇美臉色看。這些都足足刺激了奇美。更因為這些刺激，讓奇美日後經營走出了不可思議的「物流簡化」與「無負債經營」。

物流簡化清理「資金角落」

物流簡化是因奇美的資金調度出現缺口時，銀行不願支持，許文龍一氣之下，要求「清理」每一個「資金角落」。

加強收取應收款、盡力縮減倉儲物料、縮短原料與銷貨之間資金流程等等，每一個可能提取出「資金」的「角落」，都一一加以搜尋。據了解，這一徹底清查「資金角落」的行動，為奇美公司又「擠」出了上億元的資金。

而且，這一套辦法，日後一直是奇美公司物料管理的寶貴祕笈，它使奇美的物流程序，達到了最高的效率。

合理化運動

同時，在第二次能源危機中，奇美公司也發動了所有員工，一起參與「合理化運動」。公司內所有的員工，大家一起來動腦，將現行一切生產線所遭遇的問題，提出解決對策，若確實可行，並配合「獎金」鼓勵與肯定。

當時任企畫處的朱玉堂前副總經理有一段回憶很有意思：

一九七四年四月廿六日舉辦第一次品管圈發表觀摩會，十二月十二日舉辦第二次，我們發現，有些女作業員口才很好，上台發表有條不紊，從容不迫，真令人另眼看待。談的題目都很實際，能夠針對現場所遭遇到的問題，謀求解決。

例如：減少壓克力板製造時氣泡不良之產生，如何減低升泡之不良率，如何減少熱壓夾紙之不良……等。

朱玉堂認為，人才的發掘是公司內很重要的事，他指出，奇美能夠與世界角逐，公司的幹部早有內升制度可用來儲備，是一大關鍵。

自太平夢中驚醒

第二次石油危機和重擊，奇美的協理林榮俊先生也有深刻的記憶和形容，他說：

當時儲槽有二千噸的原料，倉庫有近一千三百噸的成品，資金積壓已過嚴重。仁德新購土地（按：當時奇美在仁德鄉三甲村新購二十多甲工業用地準備遷廠）到期的貸款要償還，部分遷廠工程已在進行。銷售又陷低迷，資金流入量大減，在政府緊縮政策下，利率高達一八％，又無足夠的融資途徑。

由於資金供需尚有缺口，對一九八〇年ＭＭＡ原料的大幅度降價，本以為可以振衰起敝的希望都落空了。董事長衡量周遭環境後痛切指出，以生產壓克力板九百噸之設備、人力及開支去生產六百噸之成品，這注定要賠錢的。於是決定要封閉三分之一的產能，精簡三分之一的人員，抑低三分之一的費用開支來先穩住陣腳再從頭開始。

正當全公司上下正為求生存而做體質合理化重整時，更令人驚愕的消息也一一傳來：

菲律賓保利公司，係我們技術指導共同投資設立的公司，他們改革後生產力幾達我們的兩倍以上，包括(一)乾餾料回收率九〇％，(二)注料後不必脫泡，(三)裁邊自動化，(四)配合萬力改良，台車改為十五層。

國內另一家廠商對此情形是這樣：(一)整個廠九十五人，生產三百五十噸（奇美當時是四百五十四人，生產七百八十噸），(二)沒有研磨人員（奇美有四十人），(三)自動貼紙裁斷後即時裝箱（奇美僅在貼紙、裁斷已使用三十一人），(四)我們還在研議階段的水膠紙，他們已使用兩年，(五)已大量生產厚板。

另外在泰國保利方面，日本三菱公司已介入生產管理，他們棧板式之外銷包裝，據歐洲客戶反應比我們堅固，而價格卻僅二分之一。

朱玉堂說道，奇美把自己關在樂園昏睡，享受多年太平夢，一朝被震醒這才發現自己多麼落後。幸好，創業期的柔軟思想與適應力尚存一點火種未熄滅，現在要把這火種撥開，讓它再燃燒起來。（奇美的這一「酣睡」，主要在於採事業部制時，將一重要部門交予一不適任之高學歷經理人主導，該經理人重理論，反使效率一落千丈。）

中興運動成績斐然

以後連續三年（到一九八四年）由廖錦祥協理主導的合理化改革運動，引爆奇美企業體空前的生命力。親與其役，且賣力頗多的經理林榮俊把這經過整理如下：

一、設備及作業合理化：改進A廠、B廠之系統線配置，貼紙、裁邊自動化，台車改十四層而重量減半，強化玻璃由12m/m改用10m/m，熱水池幫浦由十五馬力改為五馬力，高溫爐風鼓由三馬力改為一馬力，各廠機械由專人維護，工務單位由十人減為九人，玻璃加速更新以減少研磨人員，PCV packing外包，諸如此類改革，製造部門人員減少約一百六十人，成本降低每公斤約五元。

二、庫存及倉儲作業合理化：取消滯銷色號之生產，內銷部分取消三十九色，外銷取消四十七色。MMA存量降到二百噸，成品庫存控制於六百噸，並加速滯銷品及二級品之促銷。利用廠區廢木材以論件方式外包自行裝釘包裝箱，包裝箱亦大部分改為棧板式，並改善包裝方法及環境，使人員由三十二人減至十七人。諸如以上改革使外銷費用每公斤減少二・五元。

三、其他如間接人員之緊縮亦列表追蹤，但電腦室編制卻擴充，以強化各項電腦管理作業及辦公室自動化。

三年的中興運動成績斐然，以生產力來說，由一・一九片／人時（一九八一年）提高到二・〇三片／人時（一九八四年）。許文龍為推動這一次合理化改革，把胡榮春從奇美油倉調回，授權他去執行。胡榮春重作馮婦而不辱使命，奇美也才能有轉向資本及技術密集產業的後援力量。

23 「反傾銷」之戰

奇美公司的對外大型作戰，除了兩次石油危機之外，另外和美國杜邦公司（E. I. Du Pont De Nemours & Company）打的一次「反傾銷控訴」的過程，也相當精彩。一九六〇年以來，美國一直是台灣最大的出口市場，而且，貿易量一直在成長，逐漸地，其量已經大到可以威脅美國本土的廠商。

因此，美國也開始有了「反傾銷」的保護措施，何謂「傾銷」，是指將產品以低於公平的價格外銷。而公平價格是指國內（或輸往第三國）該項產品的出廠價。易言之，傾銷就是將本國產品以低於內銷（或輸往第三國）出廠價的價格外銷。依照美國法律規定，反傾銷調查時，就是以出廠價作為比較有無價差（Margin）的標準。

杜邦公司的控訴

台灣輸美壓克力連年急速成長，引起了美國業界的注意。杜邦公司聲稱一九八二年台灣輸美壓克力占全美國銷售量的四%，到了一九八三年上半年更成長到七%，在這種情況下，他們預估在十八個月內便可成長到二五%至三〇%。

基於此種估計，杜邦公司在一九八三年七月二十八日向美國商務部的ＩＴＡ（International Trade Administration）以及國際貿易委員會ＩＴＣ（International Trade Commission）提出反傾銷的控訴。ＩＴＡ及ＩＴＣ是反傾銷案中兩個最主要的機構。ＩＴＡ屬於商務部，主管國外傾銷事實的調查；ＩＴＣ則係獨立部門，直屬美國總統，負責調查國內產業是否受傾銷的傷害。這兩個機構只要任何一個在反傾銷調查中作否定的判決，那麼傾銷即不成立，反傾銷調查亦將立即停止。

一九八三年八月十七日，ＩＴＡ正式接受杜邦公司的控訴，然後將該案移送ＩＴＣ調查美國國內產業是否受到傷害。ＩＴＣ於九月一日初判美國壓克力工業受到台灣輸美壓克力的傷害。這一判定，對台灣的壓克力廠商而言，是青天霹靂。

台灣有三家壓克力製造商要接受調查，分別是：奇美、蓬萊，及聚美。調查的重點有如「查帳」般，以確定外銷價未低內銷出廠價，是合理競爭實力，不是削價傾銷。

律師決定案件成敗

奇美公司的經理黃阿榮，當年曾全程參加應戰，他在奇美二十五週年慶時，還將整個應戰過程撰文紀實刊出。其文章相當生動地道盡這一仗之勝利得來不易。

以下是片段摘錄：

九月十三日，ＩＴＡ派遣官員Mr. Steve Lim來台親自面交反傾銷調查問卷（Questionaire）給台灣的主要三家壓克力製造商：奇美公司、蓬萊公司及聚美公司，並要求我們在一個月內交卷。三家公司一致認為期限太短，請求延長期限。Mr. Lim要我們請律師向ＩＴＡ申請，可延長兩個星期。後經申請許可才延到十月二十八日前交卷。

在這裡要特別提出的是，在反傾銷調查中，律師扮演非常重要的角色。聘任一位適當又有經驗的律師將關係到案件的成敗。因此，在未收到問卷之前，三家公司已決定聯合聘請律師Mr. M. Soler。另外，本公司與美國代理Calsak又共同聘請Mr. David Amerine。此外，國貿局亦聘請其專任律師Mr. Ablondi從旁協助。因此，對本案來說，我們的律師陣容堅強（雖然比起杜邦公司上百名律師來講仍嫌太少）業者合作無間，已奠定勝利的基礎。

ＩＴＡ交給我們的調查問卷，其調查期間為一九八三年二月一日起到一九八三年七月三十一日止。調查對象為厚度〇・〇三〇英寸（〇・七六二ＭＭ）以上，美國關稅編號（Tsusa）771.4100及771.4500之壓克力板。此問卷分為五部分，而我們必須逐一回答。

緊急動員夜以繼日

問卷規定無論內外銷，任何一種尺寸都要逐項列出。例如：內銷的一張訂單即使只訂三片或五片，也算一筆交易，也要一一列出。內外銷的客戶總數在一千以上，如將所訂的尺寸乘以厚度及顏色，則何尺千萬項，工作之浩繁，可想而知。尤其是要在限定的短短四十五天內（扣除郵寄時間實際上不超過四十天）完成，非得日夜趕工不可。本公司廖副總經理乃於接獲問卷後，立即召集有關單位：貿易、電腦、會計等開會，分配工作，有如將面臨一場對外戰爭一般地動員起來。此後有關人員即天天加班，星期例假日亦不例外。更有甚者，有部分人員連中秋節亦不得休假，工作之辛苦，不是身歷其境的人也許無法體會。

就在這樣緊張、全身細胞都像繃緊了似地夜以繼日的工作下，總算準時完成問卷的填報，於十月二十二日用空運將整整三大箱資料運到美國由律師交給ＩＴＡ剛好是十月二十八日。

幕後的英雄

回憶這段艱苦的歷程，有三件事筆者要特別指出的是：

一、本公司的電腦發揮了最大的功能。如果公司沒有事先成立電腦室，則這次反傾銷調查，我們真不知要從何著手，也不知要動員多少人力才能準時交卷。尤其是林炳森課長更可說是居功厥偉，他除了白天參與討論工作外，有時下了班之後還要苦思程式的設計，以應付問卷的要求，事後，我打趣地說問卷是準時交卷了，但林課長的頭髮不知又掉了幾許。

二、本公司美國代理Mr. Sakai及Mr. Anegawa兩人整整花了一個禮拜的時間與我們一起工作，檢討每一批訂單的細節，其與我們合作無間的精神，實在可佩。

三、律師David更費了十天的時間，詳細討論每一個項目，指導問卷的填答，哪些項目應該列入，哪些可以不列入，鉅細靡遺。有時為了趕時間，David要求中餐只在公司內吃三明治即可。中餐便邊吃邊談，也不休息。David是個老菸槍，工作時菸不離手，口中還嚼著口香糖，聚精會神地工作。不時還斜歪著嘴，作圓形狀，瀟灑地吐出菸圈，他實在是一位和藹可親的人，沒有一點律師的架子，工作又認真。問卷中極為重要的一部分——文字敘述（Narrative）都是他親手擬稿，一字、一句慢慢地完成，我們真是聘對了律師。

前面說過，ＩＴＡ規定每一筆交易，每一種尺寸都要逐一列出，而且每一筆交易，無論內外銷都要扣除到出廠價為止，然後加以比較，如果有任何一筆內銷價高於外銷價，其價差便是傾銷的百分比，也就是將來賴以課徵反傾銷稅的百分比。反之，如外銷價全部高於內銷價，則價差為零，傾銷便不成立。

ＩＴＡ判決我們的價差為二・九三％，是因為我們所要求的部分內銷的減項未被接受。這些項目是：(1)呆帳，(2)旅費、交際費，(3)製造成本的差異。

緊張的查證過程

ＩＴＡ初判後，緊跟著是派官員來台查證（Verification）。查證就是查核我們所提供的資料是否正確。在這一階段ＩＴＡ官員有可能刪除更多的減項，當然我們也可以討價還價，這就得看律師的能耐與我們提供的證據是否充分了。

在查證中，David極盡辯論之能事，與Mr. Morrison唇槍舌戰，你來我往，實在精彩。其中有一段插曲，可真讓我們開了眼界，值得一書：美國杜邦公司挾其雄厚勢力，特別請求ＩＴＡ為實際尺寸及製造成本差異問題，舉行聽證會，原定二月三日舉行，David打算查證後返回參加還來得及。但杜邦卻要求提早一星期於一月二十七日舉行。ITA竟然答應。故當Mr. Morrison告訴David此一消息時，David勃然大怒，拍桌子大聲地說：「為何趁我不在時舉行聽證會，ITA這樣做是違法的行為。」Mr. Morrison見David大發雷霆，顯得有點心虛的樣子，低聲下氣地賠不是：「我也不曉得他們（指ITA其他官員）會提早開會，這是他們決定的。」David仍然餘怒未息，Mr. Morrison忙裝笑臉說：「Take It Easy! Take It Easy!」我們一夥在旁看到David如此發怒都嚇呆了，心中免不了有點害怕。正懷疑為何一個律師敢對執行公務的官員如此咆哮，會不會影響將來的判決，特利用Mr. Morrison不在場時偷偷地問David。他滿臉得意地說：「在美國當一位律師出庭辯論時，他是在作秀，作給陪審團看的。只要有理，該發怒時就大聲說話，這就是律師秀。」果然，此後Mr. Morrison在問問題時，便客氣多了。我們真服了David。

緊張的查證工作，終於一月二十六日中午結束。Mr. Morrison前往聚美及蓬萊繼續查證，而我們的工作並未結束。David繼續跟我們說明如何作萬全的準備。假設ITA最後判決（Final Determination）時仍有Margin，那麼如何防止。David建議我們向ITA提出中止協議（Suspension Agreement）的要求。如ITA同意，則可以中止調查或判決，而由我們自己提高美國售價或降低國內售價，以達到Margin為零，傾銷便自然不成立。雖經David一番的努力，ITA並未接受我們中止協議的要求，而於三月十九日作成最後判決。其結果是：奇美六・七四％，蓬萊三・七四％，聚美〇・四二％，其餘平均四・五六％。

「預備聽證會」以寡擊眾

此一消息對我們來說，可真是青天霹靂，在經過如此艱苦的奮鬥後，不但Margin未減少，反而增加了兩倍餘之多。失望、疲憊湧上心頭，但是又何奈，我們只有堅定信心，集中精神，努力再努力，以期望ＩＴＣ最後能作成無傷害的判決。（聚美公司因Margin低於〇・五％已不成立傾銷）依規定，其判決應在四十五天內為之。我們的律師David自然亦十分失望，因此，他建議向美國法院控告ＩＴＡ不接受我們中止協議的要求為違法。另外，萬一ＩＴＡ作有傷害的最後判決，我們可向ＩＴＡ立刻提出Early Review的要求，以便盡早解除反傾銷稅的威脅。我們一概同意David的建議，並付諸行動。

四月十二日ＩＴＣ為其最後判決舉行預備聽證會（Prehearing），David、Mr. Solter及我們代理的Mr. Anderson都出席參加。事後據說杜邦公司等約有四十人（包括律師多名）出席，我方則只有四人參加。然我們是理直氣壯，以寡擊眾，效果也非常好，對未來肯定的判決亦有很大的幫助。

到這一階段，一切努力都已用盡，大家都在屏息靜待ＩＴＣ的最後宣判。等待的日子最是難熬，因為這宣判的結果對我們太重要了。David來電說：「現在我們只有天天祈禱，請上帝幫忙了。」

ＩＴＣ決定五月一日作最後判決。ＩＴＣ共有五位委員，我們必須獲得三票以上的支持，才能勝訴。誰也沒有把握結果會是怎樣。

大獲全勝五比零

五月一日深夜十一點半（美國東部時間五月一日早上十點半）我懷著焦慮的心情，正在盤算ＩＴＣ此時應已作成判決了。忽然電話鈴聲大作，我全身緊張地一把抓起話筒，對方傳來那頗富磁性的熟悉的聲音：「Hello! Steve! This is David Speaking. I have good news for you! We Won! Five against zero!」「Oh, really thanks God! I will immediately phone Frank（廖錦祥）and Jack（林榮俊）to tell them this good news. Thanks!」切斷電話，真是欣喜若狂，長期在內心的壓抑，一掃而空。此時真想把這個天大的好消息——我們贏了，五票對零票，告訴全世界的人，好讓他們分享我的快樂。

ＩＴＣ作了一次可愛的判決：五票對零票，台灣輸美壓克力並未對美國壓克力工業造成傷害，傾銷不成立。輸美壓克力反傾銷案全案到此結束。依照規定，杜邦公司如不服判決，可於ＩＴＣ公告後三十天內向美國聯邦上訴法庭上訴。據David推斷，杜邦上訴的可能性不大，因為五票對零票的判決要想平反的機會太小了。（ＩＴＣ之判決拖到六月一日才公告，故杜邦上訴之期限為七月一日。）果然，六月五日David來電說杜邦已放棄上訴。

經歷了這一場艱苦的反傾銷控訴案，使我們對反傾銷案有了具體而深刻的認識，才知塞翁失馬哩！另一方面也使我們對反傾銷的威脅有了戒心，杜邦公司雖然敗訴，日後仍有可能捲土重來，美國是我們主要的外銷市場，我們必須盡全力來防止歷史的重演。筆者願就管見所及，提供下述應注意的事項，請諸先進指正。

一、事前準備：

(一)內銷售價的配合：如四・五ＭＭ內銷賣得很少，不妨降價或根本不賣。

(二)量的控制，要適度的成長。實施代理制，有秩序的行銷，盡量避免與當地業者的客戶衝突。

(三)提高品質及附加價值，以提高外銷售價。

(四)平時一切費用資料必須齊全，如呆帳，製造成本差異之資料等。

(五)分散市場，避免太集中於美國。

二、事後應付：

(一)要盡早聘請適當之律師，要找一位自由貿易主義之律師。

(二)問卷資料的填答要正確準時，否則ＩＴＡ便會依照原告之資料逕行作不利之判決，一旦判決，要想降低Margin也不容易。如台灣的輸美鋼管由於問卷未準時送達，而遭ＩＴＡ判決高達六〇％之Margin。而韓國之彩色電視機也由於資料不實，而被判高達百分之四十幾，不可不慎。

(三)外銷之費用盡量壓低，內銷費用則可多列，但須有憑證。

(四)與國貿局保持密切聯繫，有時可以獲得費用之補助。

從黃阿榮精彩的回述，可以看出，任何一家企業，想打出自己的一片天下，其奮鬥過程勢必是面對過各種不同的挑戰。

而且，每一挑戰往往是只許成功，不許失敗，最重要的是，在挑戰中不斷學習、不斷成長。

•第六部•

保利化學的出生到合併

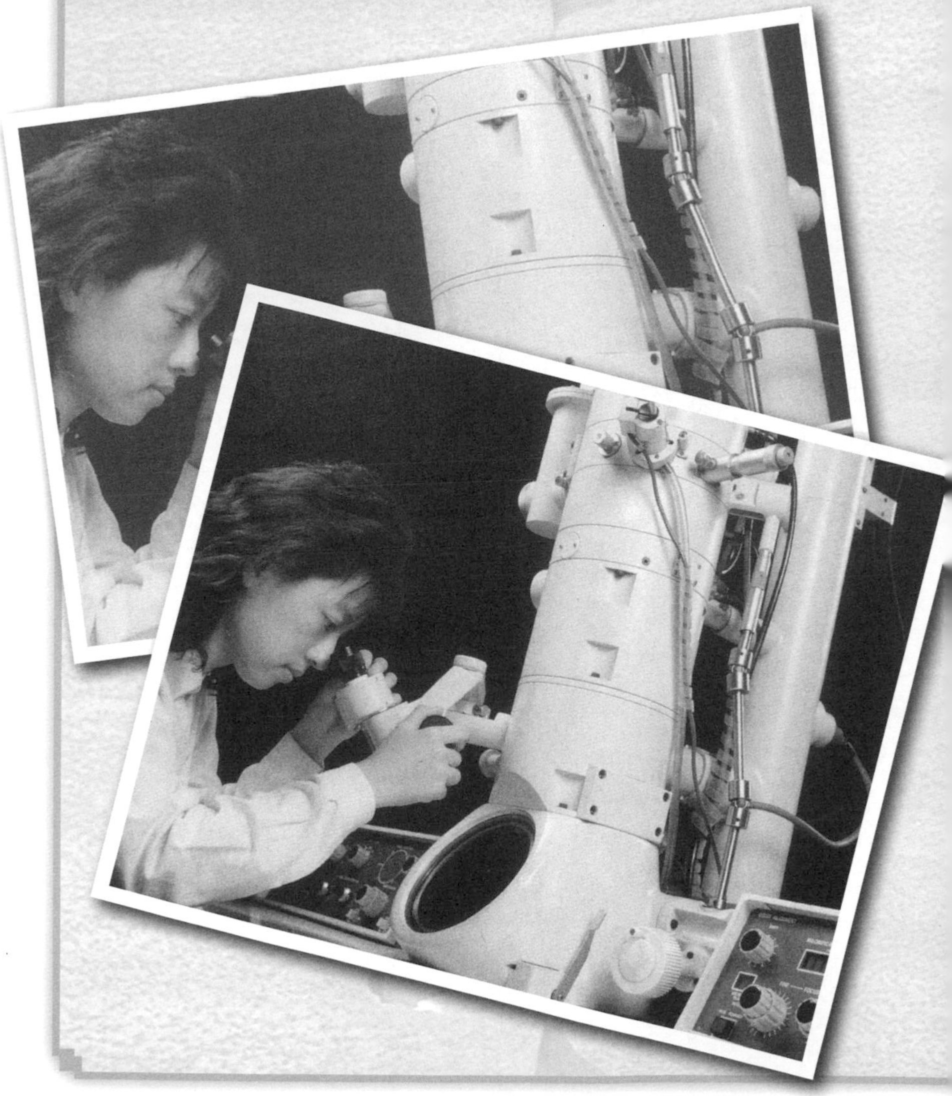

24 台灣的石化環境

目前，台灣的石油化學工業，已發展為國內的重要工業，以出口產品結構而言，一九九四年的重化工業產品出口總值，達台灣出口總值的五四%。可是，在世界石化市場裡，台灣仍然是落後於南韓。

因為，台灣雖然從一九七〇年代，就極力推展石油化學工業，可是，以當時的官僚體系，政府相關官員對於石化工業的了解，可以說是霧裡看花，與民間企業形成很大的認知差距。保利等民間企業的投資，常常得不到政府的配合，反而是一些外行人插足其內，從中牟利。以後石化工業之大幅發展，可以說是企業界對石化業未來的執著態度，所逼出來的。正如台塑龍頭王永慶所說的，台灣的石化工業簡直就是逆向發展出來的。

市場是創造出來的

一九七三年六月二十八日，政府召開一項「石油化學工業計畫座談會」。當時的中油總經理胡新南，很不客氣地表示：「現在連中油的原油價格都不知道，中油將來要供應的石化基本原料價格也無法預告。只能訂定計價公式，以後隨著國際市場調整，合不合算，是你們的事。」如此高姿態的言語，似乎表示中油公司生產石化基本原料，是被逼出的，又毫無企業化經營理念，真叫人啼笑皆非。

而兵工出身的工業局長韋永寧，更是令人不敢領教。他領導下的工業局官員，無人能為台灣的石化工業設計一套長程的基本架構。有人形容當時的石化工業發展，完全是「瞎子騎馬」。當時經濟部官員及國營事業主持人，甚少有自由市場概念的人，也許是出於保守的本能，總是對市場看得很悲觀。

譬如，保利曾經向工業局提出，年產二萬噸ＡＢＳ的計畫，並申請丁二烯的配額。工業局長虞德麟就很不以為然。他主觀地認為，ＡＢＳ沒有那麼大的市場，到時候你們想要請政府幫忙（消化剩餘產能），政府可不管的。他哪裡知道，市場完全是創造出來的。

許文龍常舉一個老例子：「曾經有一個鞋子推銷員，要去非洲推銷鞋子，一下飛機後，他發現大家都光著腳，於是，他拍了一封電報回公司，說這裡市場等於零，準備要搭下一班飛機回去。

「而同一班飛機也來了一位美國推銷員，他拍了一封電報回公司，叫公司快準備大量供貨，此處市場很大。」

由此可見，市場敏銳度的差異，往往決定一個企業的成敗。當時的工業局無法預測ＡＢＳ的將來性，他說ＡＢＳ沒有那麼大的市場，可是，今天光是奇美生產的ＡＢＳ，年產量就已達近百萬噸，未來更達到一百萬噸的目標。如果當年企業家的敏銳度，也如同官員們一樣地差，則今天台灣的石化工業，將是令人無法想像的。

投入ＳＭ生產之背景

一九七〇年代，台灣開始興建輕油裂解廠，對中下游的民間石化工業提供基本原料。第一輕油裂解廠設在高雄的左營，乙烯年產能僅五萬四千公噸。王永慶稱它是實驗階段的規模。

第二輕油裂解廠把乙烯的年產能，大幅調高至二十三萬公噸，可是仍然不敷所求。於是，二輕尚未完工時，政府馬上已計畫興建三輕。三輕的產能與二輕相當。三輕還在興建中，下游業對乙烯的需求量，已經暴增至一百零一萬二千五百公噸。當時中下游業對石化的投資，真有如趕熱鬧似的，政府的腳步始終跟不上民間企業。

政府興建輕油裂解廠，下游業對原料的需求，大部分是受到石油危機時，找不到資源的刺激。但是也有小部分外行人，只是擺個姿態，想占有購買權從中牟利。

因此，保利在一輕及二輕開工時，始終不得其門而入。乃至三輕完工時，保利本有意生產ＳＭ，因而向政府申請十萬公噸（分六萬公噸及四萬公噸兩期）的基本用料。工業局建議保利與大德昌的張伯英及統一飯店的莊清泉（菲律賓華僑）合作，三者共同生產ＳＭ，結果是莊清泉與張伯英搞在一起，一腳把保利踢開。後來，大德昌經營不善，被中國信託吃下來，改組為國喬公司。而保利卻轉而與台橡、台達公司，找黨營機構——中央投資公司，共同成立台苯公司，專門從事生產ＳＭ，保利總算加入ＳＭ的生產行列。

一九七九年，奇美投資台苯一億元，占二〇％，到了一九九一年，股市狂飆，股價不合理的高漲，奇美賣掉全部股數，收入三十七億資金，奇美也自此進入「無負債經營」。許文龍曾為此笑道，他一生從不炒作股票，沒想到賺得最多的一次，卻是在股票上面。

25 保利化學以技術起家

奇美ＡＢＳ的獨霸全球，其基礎是保利化學，保利化學在前章關係企業介紹中曾提及，但是，保利化學的出生到合併，卻是不可不提的重要過程。

一九六七年，奇美原始股東集資一千萬，踏入化學領域，開辦保利化學。當時，奇美的年營業額是七千二百萬，且已步上軌道，奇美為了壯大企業，作大踏步地轉向投資，為的是看好石化業的遠景。

翌年，即在泥濘中的荒地開廠；同年，計畫變大，增資為二千萬元。其中，新增一千萬，奇美二百五十萬，日本三菱油化四百萬，舊股東三百五十萬。接受日本三菱油化的投資，是因想引進其技術。原來，保利成立以後，廠建得不錯，產品卻很差，老是出狀況，ＰＳ的生產技術不若壓克力簡單，錢一直丟，效果卻一直不佳，股東們漸漸按捺不住。

泥濘荒地打天下

和三菱油化合作，他們提出三個條件：

一、三菱占一半股份

二、技術代價（know-how fee）

三、專利費

站在保利的立場，三菱的條件不算苛，但是，從奇美的角度看過去，情況完全不一樣。許文龍向三菱抗議，其重點有以下理由：

一、技術奇美也有，不是只有三菱有，且奇美還提供「管理」、「經營」、「銷售」等技術，要收技術代價，奇美也要收！如此一來，雙方對「新公司」收來收去，錢還沒開始賺，就給股東收光。

二、股金各占五〇％，對奇美也不公平，因三菱只出錢，其餘全是奇美在張羅；可是，將來賺了錢卻平分，試問，這麼不公平的條件，有誰會「誠心誠意」賺錢與人平分？若彼此合作，卻沒有誠意的空間，將來徒生更多是非。

這點日本人也聽進去了，最後，三菱油化除了出資二〇％之外，不再收其他費用。

據朱玉堂表示，當年飛利浦與松下合作時，飛利浦也提過要收know-how fee，松下幸之助也是反提經營技術費，松下幸之助還強調：「經營技術比製造技術重要。」

事後，許文龍語重心長地指出：

「世上很多不合理事情的存在，多半是基於人們遷就的心理，因此，如果發現有不合理的現象，就該馬上設法剷除，絕不可姑息。

「與三菱之談判，我們抱定『絕不吃虧』原則，態度上不傲慢，也不過度謙卑，從頭到尾不卑不亢。當然，講話技巧也要謹慎。」

眼光長遠，始成霸業

保利化學連著兩年增資建廠，大動作地邁出，可是，慘得很，每年虧損五百萬元。許文龍則是沉住氣，一點不為之著慌，第三年開始，即告止跌回升，不再虧損並出現盈利。

當時，日本三菱油化派了一位海外事業部課長叫廣瀨，來台灣了解保利的經營情況，並寫了一份報告。他指責保利開業二年仍陷於虧損中，批評保利經營沒有計畫性，作業沒有標準化，產品沒有規格化，沒有專人負責推銷，而且沒有成本計算制度，可謂是一無是處。所幸，三菱油化的決策階層並未因廣瀨的報告書，而自保利撤資。後來他們還暗自慶幸沒有這樣做，才能從保利的後來盈餘，取得優厚的利潤。

許文龍堅信，製造業不比一般的販賣業或貿易業，如果能在第三年獲利，已經是上等的公司了。也由於許文龍沒有因為連續二年虧損，而自ＰＳ業撤退，才能造就今天奇美的霸業。

操作失誤，「撿到」新數據

ＰＳ的生產，最大的難處是在於「單體」成為「聚合體」時，會釋放大量的「熱」，這些「熱」處理得不好，會產生危險，甚至爆炸之可能。最早，人們用「水」來當釋熱的安全溶媒，也就是通稱的「懸濁聚合法」，這在當時是ＰＳ的生產主要方式。

不過，此一方式廢水多、廢氣多、污染高，有人開始嘗試用「塊狀聚合法」，或是「溶液聚合法」。「塊狀聚合法」的特性是單體直接聚合，不用「水」來釋熱，而是用「冷卻管路」來吸收熱量。這種聚合法在一九七〇年代，尚屬摸索階段，實驗室的操作居多，經濟規模或工廠量產幾乎是尚未見到。

可是，許文龍則很明確地斷言：「未來是『塊狀聚合法』與『溶液聚合法』的天下，它的生產效益佳，且污染低！」許文龍的斷言連日本人都半信半疑。

保利工廠參照國外資料自行研發出一套「塊狀聚合法」，不過，產能不大，每月只有一百噸產能，同時，根據實驗室的推算，「預備聚合槽」中的最高溫度只可到攝氏九十度，若超過此一溫度就有危險，所以，槽的容積不能太大。有一次，因工廠工人的操作疏忽，「預備聚合槽」的溫度，竟然高到一百五十度，全工廠工人嚇得驚慌四散，生怕爆炸。

許文龍碰上這一意外，竟然不責怪粗心的操作人員。反而是面對「預備聚合槽」一直深思。他想，如果實驗室的推算，是不可超過攝氏九十度，而事實操作卻到一百五十度都還安全，那實驗室的數據顯然不可靠。

再說，如果「冷卻管路」原來只有一套，就可以撐到一百五十度高溫都沒事，足夠應付安全散熱，那只要再多加一套「冷卻管路」，讓它成為「兩套冷卻管路」，則「預備聚合槽」的容積規模一定可以「加倍放大」。因為，溫度提升高一倍都沒爆炸，冷卻設備若再加強一倍，必是更安全，如此一來，反應聚合槽放大一倍，必也可行。

許文龍常說：「跌倒了，不必急著站起來，四周找找看，有什麼可以撿的，再站起來！」工廠的一次粗心意外，他卻「撿到」放大一倍生產規模的依據。而且，大膽實際操作，一點也不猶豫。當時，還有若干幹部心存畏懼，認為「實驗室」的推算應該是不會錯，再說，萬一董事長的推算錯了豈不立生危險！

許文龍信心十足地說：「放心，不會有事！」事實證明許文龍是正確的，不單是正確的「放大一倍預備聚合槽」，更重要的是打破了一百噸的「限制」，而以「倍數」成長生產量，三百噸、六百噸，不斷地大踏步「放大」規模，最後，竟將一套設備膨脹到七倍，月產七百噸，還很安全好用！

用「塊狀聚合法」的生產方式之同時，保利工廠也還有部分「懸濁聚合法」，不過，許文龍靈活運用，以「懸濁聚合法」生產時，則將橡膠的含量提升到最高的百分比，即一二％，然後，再以此高橡膠比率的ＰＳ混煉到「塊狀聚合法」的ＰＳ中生產出ＨＩＰＳ。此一方式，好比是用高成本的方式提煉出「濃縮原汁」，再以簡單便宜的方式稀釋出「一般果汁」。一般ＰＳ工廠，則還是用高成本的方式在生產「一般果汁」。

許文龍的「觀念」突破，還不只於此，他更改變了世界上所有石化工業的生產觀念。

原料供需逆思考

絕大多數的石化工業都是以「上游」有多少料，再決定「下游」生產多少貨。上下游之間，盡可能的保持等號。許文龍則不持此一僵硬看法，他相信，只要有錢就買得到「貨」，所以，他不在乎（生產ＰＳ或ＡＢＳ時）上游的「料」可能供應不足。

當時，有人嚇唬他：「別太自信，沒原料就是沒原料，別以為有錢就有原料買！」但事實證明，國際市場上，有錢就有料買，甚至，還因其料愈買愈多，愈買愈大宗，而買得了美國人的「尊重」！奇美公司每年向美國買的ＳＭ原料，其金額是以「美金」億元計。這種購買力，奇美公司派出經理級的人物訪美時，當地則是「市長」來接機。

許文龍對石化的「觀念」突破，讓他在短短二十年不到的時間內，從一切荒蕪的泥濘地中，竟然成長到世界級的霸主。當然，保利化學的初期經營，是胼手胝足，艱困打拚出來的，除了許文龍的策略外，技術人員的鍥而不捨與投入，也是值得一書。

陳錦源生產技術貢獻大

保利化學的初期營運，相當不順，生產技術的問題層出不窮。一直到一九七〇年五月，陳錦源到任廠長，才逐漸突破技術上的瓶頸，生產也慢慢穩定。陳錦源原在台達擔任工廠主任，對石化製品ＰＳ的聚合有經驗，剛好，由許瑤華介紹給許文龍。對保利而言，陳錦源確實對ＰＳ的生產技術有不少貢獻。

其犖犖大者如下：

(1)用冰塊之溶解熱，來縮短冷卻時間，以便增加ＥＰＳ之產量，這一怪招連許文龍都大加讚賞。

(2)捨電熱而改用熱媒油，以當時能源成本計算，約可省七五%之能源費用。

(3)分批式Bulk Suspension生產之開發。

(4)空氣輸送與集中包裝之採用。

(5)管架的高空設計。

有關管路的高空架設，陳錦源回憶道：

現在仁德廠到處可看到管架，其上面有許多萬里長城式的管路及電纜，貫穿了面積達二十萬坪的仁德廠，看上去覺得司空見慣。

但本公司首座管架始於一九七五年，為了台灣要有首座產量二百噸的ABS而建造，當年，受限於保利工廠地有限，只好往空中發展，其總長度不過是一百公尺左右，和現在仁德廠相比，真是九牛之一毛而已。

只是，怎麼也沒想到，二十年前小小的一步，卻變成今日之萬里長城，想來還真讓人興奮與回味無窮。

絕不花錢買「開關」

保利在技術不斷突破之後，新穎耐用的產品即告紛紛上市。在一九七一年時，適合包裝酵母乳的食品級產品，也告開發成功。保利化學在「技術」方面，全靠自己摸索突破居多。許文龍一生經商，從不直接花錢買know-how，他會利用各種資訊，甚至，買只有「實驗」階段的技術，絕不花錢買「開關」。

整廠輸入的技術，購入者只會「開關」，其內部構造和形成一竅不通，不論修理或改良為第二代，全是仰賴他人，這種技術對許文龍而言，不要也罷。更何況，這種整套購買的技術，價格一向非常昂貴。

因此，許文龍一向堅持自己開發技術，然而，他也很清楚，上班族的個性，往往是「先求無過，再求表現」，為了克服這一個性，他主張「只找答案，不找責任」。他說，如果人人都先求「無過」，那「技術」上一定是以使用別人用過，且確定「無過」的技術為主，這種「無過」的技術，對他而言，一點價值也沒有。無「過」必也無「新」，無新又如何創新突破。

在技術突破中茁壯

同時，因為許文龍本身對工廠相當有概念，選用的人才更是實作不浮誇，兩者相輔相成，在技術突破上，一關接一關，真是應了一句「沒有衝不過的難關」。

一九七二年，預備聚合槽一口氣擴大好幾倍，且因故障沒有攪拌，有人擔心溫度分布不均，許文龍很有自信，認為從壓克力的經驗，可以推斷「沒有問題」，事實上，也證明他是對的。

一九七七年，保利更將食品規格產品之殘留單體降低到適合人體衛生的規範內。

一九八一年，保利導入「塊狀聚合法」，以及「溶液聚合法」。

這些製程的建立，對日後ＡＢＳ的建廠與開發，關係重大，因為，這些建造研發過程的能力提升，已在確定奇美的「工業能力規模」。學術理論或是研究室階段的產品要工業化，其中的「跨距」很大，不是搬出來工廠作就行，其相關的「工業能力規模」很重要。

常被借喻的歷史教訓是，首先發現核分裂的是德國人威海默（Kaiser Wilhelm），但是，第一枚原子彈卻是美國製造的。原因是二次大戰末期，德國的國力已是強弩之末，其「工業能力規模」根本造不出只在實驗室才發現的核分裂。因而美國這一新興國家，推動著曼哈坦計畫，配合其當時的工業能力規模，才能將實驗室的核分裂造成原子彈。

奇美本身的「工業能力規模」，透過多年來自行研發，不斷突破，以及許文龍的領導魄力，是很扎實的在茁壯成長。這種縮短實驗室理論與工業產品之間「差距」的工業力，是奇美能成為世界第一的一大重要因素。

保利產品具世界標準

保利的ＰＳ產品，在一九七一年與一九七九年分別通過美國的ＵＬ與日本食品衛生協會之檢驗。

ＵＬ是美國一權威檢定機構，其原名是保險協會試驗室，成立於一八九四年，迄今已百年歷史，當初是由美國若干大保險公司籌資組成，以鑑定投保人產業安全為主，後來卻發展成獨立的非營業性機構，專門以大眾安全為出發點之檢定。此一機構，不僅美國，全世界都承認其權威性。

保利的通過檢定，除了證明技術之進步外，也是對下游加工使用者的最佳品質保證，產品對美輸出，不虞原料安全。

26 保利的販售策略

許文龍深深了解，塑膠原料的利潤很薄，薄到不容中間商生存的程度，而保利的ＰＳ原由自家關係企業佳美總代理銷售，在此之前，佳美原有代理ＰＳ之進口銷售業務，保利基於關係企業，也就將銷售交由佳美。可惜，一直無法擴大市場。銷售量無法擴大，保利的產品就無法達到經濟規模的產量，降低製造成本。因此，他開始考慮要取消佳美的總代理權，改為直接銷給下游廠商。

一九七六年，保利正式通知佳美，終結雙方的總代理關係。保利從此取回經銷的主導權。一九七六年至一九七八年間，保利取回經銷權的初步階段，深恐呆帳發生，會影響保利的生存，仍然透過中間商銷售，直接受惠的客戶並不多，使得銷售業績平平。

一九七九年，許文龍正式宣布，取消ＰＳ系列產品的價差，並放棄中間商。以低利潤觀念，極力推動地毯式的直銷政策。經過四年的直銷政策推展後，保利的客戶增至二千家，年銷售量達五九、五二六公噸，成長率為六六％。

革命性的行銷策略

許文龍很清楚地區分出「原料」與「消費品」之不同，他認為「原料」如果好用又便宜，再遠再偏僻客戶都會主動找上門，不若「消費品」，要靠廣告推銷。因此，他用「低價」、「試用」為手段，用「直銷」為制度，大膽取消代理商。

一九八四年，許文龍基於上述觀念，推行一項革命性的經銷政策，那就是以服務員取代業務員的經銷制度。此種制度主要是建立一個僅有服務員，而無業務員的單純化制度。也就是以現代化的資訊設備，建立客戶完整的動態資料，由女性服務員取代男性業務員，以電話和客戶保持密切的聯繫。同時，把原來的男性業務員，訓練成為技術服務員，隨時提供客戶技術性的服務。

為了銷售的暢通與客戶訂貨的便利，許文龍於一九八八年，特別贈送三千六百台傳真機（總值上億元），給當時與奇美合併後的原保利客戶，使客戶在訂貨時更迅速、更確實。

此種機動性的劃時代行銷戰術，使得公司的產品迅速地推銷出去，而生產能力在短期間內，達到驚人擴大的地步。張源漳曾經很佩服地說：「我真不知道保利的業務員，如何把那麼多的ＰＳ推銷出去。」可見許文龍這招革命式的行銷策略，確實收到奇異的效果，也令同業們震驚不已。

沒有「業務員」的販售系統

據負責業務的協理許春華回憶，奇美能有今日「業務」，是因當年「保利」的時期，董事長就在「組織」上奠下了基礎。

若非當年就取消傳統業務員，而改採技術服務員，則今日奇美的「客戶群」，已達五千家廠商，每月單是「收帳」，恐怕要用上百人，而且，這上百人力也只能做收帳用，無暇去開發市場。

就因當年奠定服務員制，改由客戶自動匯款進帳，如今，每月五千家下游廠商，連一個收帳員都不必雇用。奇美與廠商之間，只要看看匯款單，就知道帳目情形，雙方都省事。當然，這種制度的推行，不是一聲令下即可，而是要多方相互配合才行。

保利公司為了推行自動匯款結帳，曾替來往廠商作最周到之設想，其中，有的是替廠商印好回函信封、做好待蓋章的回執收條，甚至，有一家大廠商不願為此更改其內部作業，而由保利的業務主管出具「切結書」。若匯款有所遺失，責任歸保利承擔等等。

許文龍告訴手下，推動此一制度，可以用「成長多少，就少做多少」的心情來看，不必急著馬上要全面性的成果出現。有五％的廠商願意自動匯款，就可以少去五％收帳的麻煩，有一〇%的廠商配合，就可以輕鬆一〇%的收帳業務，用這種「少麻煩」的心情去處理，不必用「追求一〇〇%」的緊張壓力來看待。

不同的想法，去處理相同的一件事，其間的差異卻不可以道里計。用「少麻煩」的眼光去看待成果，則每天不管成長多寡，都是心情愉快的在享受「麻煩愈來愈少」的快樂，結果，這種享受在一年多之內就享受完了。

反之，若用「追求全面自動匯款」的目標來處理，則不管多努力，前面總是還有一大段辛苦路程在等著，那般壓力與心情，必令人心生沮喪。

用「觀念」來帶動士氣，是許文龍天賦中最佳的魅力。

消滅「管理」二字

保利的銷售策略中，取消業務員，改採技術服務員，其實，只是一種結果，該結果的「因」則是來自「減少不必要的監督」。

許春華協理解釋道，一般企業或廠商，為了監管各項業務的順利進行，往往將相關業務「拆開」，而由不同的部門或人手來搭配進行，如業務與徵信，或業務與市場等等。

奇美則是集中相關業務在同一人手上，或同一部門之內。其實，有些監督或監控，只是徒生不必要的摩擦罷了，對實際問題的解決一點用處也沒有，有時，反而是製造問題的來源。

奇美曾經吃過這種苦頭，將「現場」的掌控交由「管理部」負責，現場在生產線上，管理部在辦公室內，碰上問題請示上級時，「上級」在冷氣房裡依「工作準則」下命令，結果，原來的問題不能解決，還製造出更多的問題。後來，乾脆取消「管理部」，整個公司反而更好管理了！

許文龍常說，在我的公司內，我一定要消滅「管理」二字！

他說，管理這字眼，一點「生產性」也沒有，全是負面的。他舉例，太太每天上街買菜，先生從不「管理」她，既不對帳，也不編明細，可是，每天三餐全都作得很好。信任員工，要像信任太太上街買菜一般。

或許，有人會不以為然地反駁，是奇美的待遇好，員工向心力強，才能如此！針對這種說法，許文龍補充道：「好的待遇與明確的目標同等重要。」

「你們要努力」、「你們不要偷懶」、「我們一起來奮鬥」，這一類空洞的口號在奇美從來不出現。甚至，「不要再犯同樣的錯誤」這種指責言詞，在奇美也不常見。

奮鬥的目標要清楚，員工才能有所適從，叫太太「好好買菜，不要偷懶」，不如請太太買「一斤蛋、半斤肉」來得實際，叫員工不要再犯同樣的錯誤，不如找出犯錯的原因，到底是設備差還是制度有問題？針對原因去改進，若原因不能排除，單是下口令，錯誤必然重現。

假設奇美內部甲、乙、丙三條生產線，每日生產統計，甲線績效最好，乙線次之，丙線最差。則奇美公司的處置是，大家一起找出丙線差的原因，而不是追究丙線工作人員的責任。這就是許文龍「找答案、不找責任」的精神。這種精神的落實，可以減少員工之間為了推卸責任而產生的摩擦，更重要的是：能找出真正的問題與答案。

下口令是最簡單的事，資方或上級主管若不愛動腦，只知下口令，常可見到手下一團亂，問題的解決只能碰運氣。奇美在許文龍的率領下，碰上問題沒有運氣可言，只有大家一起來動腦一途。

保利的銷售策略，源自「減少不必要的監督與互控」，卻開出耀眼迷人且令人不敢置信的業績。據傳，國內有數家廠商也想效法奇美這套「自動匯款結帳」的制度。

若真想效法，則必先了解這套制度的思想起源。許文龍對人性的了解與掌握相當深入，他相信人性中有善的一面，也有惡的一面，但看相處時彼此之間是朝那一面「刺激」。

若是不斷「刺激」人性善的一面，誘發人們做出愈來愈善的行為，則公司團體內的氣氛與士氣，必是愈來愈佳。

反之，若以勾心鬥角來相待，暗計營私來盤算，則人心險惡的一面也會源源不絕。

所以，許文龍很清楚自己的優點，他曾很正式地表示過：「我是一個很好的環境製造者。」他善於營造出人與人之間良性的互動與成長，這是保利銷售策略的驚人祕訣。

27 團結力量大

許文龍一向很重視人才，也懂得如何重用人才。他延聘當年台南工職機械科的同窗——蘇萬源，擔任保利公司總經理。在此之前，蘇萬源是國泰塑膠的副總經理。蘇萬源是一個極為優秀的工科人才。一九四九年，當國民黨政府全面撤退到台灣時，很怕台灣的大學及高職畢業生找不到職業，形成社會一股不安定力量，所以就舉辦青年就業訓練，然後再分派到各級單位或公營機構任職，另一方面也趁此機會，改造青年的思想。

蘇萬源參加就業訓練時，由於結業成績名列第一，深獲上級的賞識。當年的省主席陳誠特別召見蘇萬源，並於會面後，指派他以台電公司職員的身分，帶職進入台南工學院機械系就讀（台南工學院後來改制為成功大學）。在成大的校史裡，從未有人能憑恃特殊背景，未經考試即可進入台南工學院就讀。蘇萬源憑省主席的推薦進入台南工學院，可以說是空前絕後的唯一例子。

布和線的價值相差很多

蘇萬源一上任後，首先強調，加強保利的團隊精神，並以溝通來激發全體員工的責任心及挑戰意志。蘇萬源表示：「保利在直線聯繫方面，已經奠定良好的基礎，每位員工都很優秀，而且對工作很賣力，是公司寶貴的資產。如果想要發揮更大的效率，提高績效，管理的重點應該加強橫的聯繫，以促進團體精神。這好比光有強韌的線，若不經緯交織，不能成為用途更廣的布。一匹布和整綑線的價值，是相差很多很多倍的。而有效的溝通是聯繫不可或缺的手段。溝通必須從上層、中層，及全員做起。」

蘇萬源組成一個經營常務委員會（其組織規章前已述及），由各部門主管以上的人員組成。每週一開會一次，以決定公司的決策方針，並且使各部門主管，了解其他部門的想法與作法，藉此消除因職能分工所引起的隔閡與摩擦，避免各部專門化的結果，產生各自以本位的想法判斷其他部門的職能，而陷於以管窺天的狹隘偏見。

另外又成立一般委員會，由中級以上的幹部組成。每月四日及十九日各召開會議一次。近似業務會報的性質。會中由各課就前半個月的執行結果作簡報，並報告後半個月將要推行的目標。藉此會議達到課與課之間的意見溝通，並可增強課長級主管的經營意識，提高責任感。

蘇萬源利用有效的溝通方法，使組織內的成員不至於產生不必要的誤解，消除緊張的氣氛。他讓員工盡情地發表意見，員工的意識理念充分地溝通，同時也讓權力意識發揮於無形，使員工們有如生活在一個大家庭裡。

當然，蘇萬源的整頓工作，也不是一帆風順的，其間也曾遭逢過許多股暗流。譬如少數員工在工作中睡覺、吸菸、喝酒，甚至賭博、蹺班……等等，影響工廠運作的進度與情緒。還有極少數的不肖員工，假藉職權的方便，與外界勾結、圖利他人或收受紅包，影響員工的形象與士氣，並威脅到公司的作業安全。上述這些暗流，在蘇萬源的決心整治綱紀之下，皆一一克服。

商人的愛國定義

一九七八年，正當奇美實業集團展開馳騁國際市場的雄才大略時，美國總統卡特突然宣布美中建交。很多人打電話給許文龍，請教如何應變。

許文龍以一貫的老莊哲學信仰者，達觀地表示：「沒問題，很簡單。」他相信美國與台灣斷交，對於台灣的經濟本質，不會有太大的變化。他認為，「一個不能適環境變化的經營者，最後終將為環境所淘汰。」因此，許文龍仍然按照他既定的投資計畫進行，奇美和保利在其後的二年之內，分別相繼投資了新台幣二億元。

許文龍常對員工表示：「真正的愛國，是將資源作最有效的運用，賺更多的錢、納更多的稅，使民生樂利、地方繁榮、國家富強。」

他曾經在一次對公司幹部的演講中說：「今天，我可以輕易地取得新加坡公民籍，以華僑的身分繳納三五％的綜合所得稅。但是，我卻堅持以中華民國國民的身分，每年繳納五〇％至六〇％的稅，這一些不為什麼，只是因為我是中華民國的國民。」儘管許文龍對於政府的施政，偶爾會批評，但是，他始終相信政府的能力及目標。他的從商生涯裡，絕對避免政商掛勾，也不搞金權與特權關係，他是一個典型的愛國商人。

台美斷交後，他向奇美關係企業的各總經理說：「縱然我對政治問題不太熟悉，但是，卻要振臂呼籲諸位，我們必須絕對相信我們的政府。就像全體股東、公司及從業員，相信諸位總經理一般。在這非常時期裡，除了響應愛國捐獻熱潮之外，更需要拿出我們非常的信心與勇氣，不動搖地安心工作，來創造企業的新局勢，奉獻國家。」在台美斷交之際，許文龍在新加坡發展海外事業，卻不懼此一外交鉅變，反而還回國更加投入國內事業的發展。

·第七部·

ABS世界盟主

seaco
WAN HAI

28 進軍ABS市場

二十一世紀，生活的速度是愈來愈快，商場上更是瞬息萬變。有些人一下子突然崛起，有些人則是還沒搞清楚狀況就倒下去了，有的人在短時間內一起享受兩種結果，莫名其妙地發了，又莫名其妙地倒了。

其實，現代人的生活，雖在加速中，但商機的掌握上，卻像打棒球般，投手和捕手之間，是有暗號的，是有預謀的。棒球投手的速度，比車子在飆還快，沒有默契的捕手，根本接不到球，沒有訓練過的人，也接不到球，最重要的一點，捕手不是看著球來再移動手套，而是將手套放在他預測會被投進的位置。若不如此，等球來了再移手套，根本接不到，當年世界少棒賽，即曾有投手投球，捕手老接不到，氣得投手當場大哭的情況。

這一現象可用來說明，在商機掌握上，成功者常如老練的捕手般，把手套放在球會進來的位置，這不是運氣，更不是巧合，是老練，是預測，是長時間培養出來的自信與感覺。有些人偶爾一、兩次接到球，賺了點錢，那不是能耐，是老天的傻眼看上或錯愛。

奇美的ＡＢＳ稱霸世界，是許文龍像位老練得不能再老練的捕手，早就以輕鬆，甚至是有點不職業化的樸實手法，張開手套，等著「第一」的頭銜跑進其王國的手套中。

ＡＢＳ的嗅覺

ＡＢＳ的發明，大約早在一九五〇年代。但是，台灣直到一九七〇年才開始引進。它是一種塑膠原料，不是汽車的安全裝置的ＡＢＳ（Anti-Brake System，是一種防止煞車鎖死的安全配備）。

ＡＢＳ是三種化學原料的簡稱，Ａ是指ＡＮ（丙烯腈），Ｂ是指ＢＤ（丁二烯），Ｓ是指ＳＭ（苯乙烯）。ＡＢＳ是丙烯腈—丁二烯—苯乙烯共聚合體，這三種原料中，丁二烯是耐衝擊性的來源，成本最高，製程控制的問題最棘手；丙烯腈是機械強度與耐化學性，成分太高會使ＡＢＳ呈黃色；苯乙烯加工性高且具光澤，成本也最低。

這三種原料加在一起，有其絕佳的特性，色澤佳、易於染色、易於添加其他物料而變性、易加工、耐化學性佳、耐候（可長時間暴露於氣候下而不老化）、抗衝擊性佳、硬度高等多項優點集於一身。

正因為有這麼多的優點，且生產製造不是很容易，早期，這一產品被界定為「特殊塑膠」，用在飛機、汽車等機身內當儀表板外殼等。正因為其被視為「特殊用工程塑膠」，因此，其生產之外，還要培養一批市場的「教育人員」。

易言之，這一產品的特性雖然是絕佳，可是，其「認知」並不普及，各工業工程人員並不了解其特性及如何使用。ＡＢＳ早期的生產者，除了必須面臨生產，及改進其產品的瑕疵之外，還要面對如何教育「下游」廠商使用其產品的問題。

為了面對這一問題，各ＡＢＳ工廠雇用的「業務員」人數眾多，且程度高，是ＡＢＳ業者經營上的一大人事成本，這種情形，在新產品的「開發期」，或許是不可避免的情形，但是，脫離「開發期」是勢在必行，許文龍很清楚ＡＢＳ的「開發期」已過，接下來應是「泛用期」的時代了。

他洞悉這一先機，他一出手，不到十年，世界ＡＢＳ市場生態大變。許文龍一開始接觸到ＡＢＳ的材料時，他就心頭一震，他暗自驚訝：「天底下竟有集這麼多優良物於一身的材質？」

他反覆地看著ＡＢＳ的介紹與材料，他一直思考。當年，作塑膠射出時，「水壺」產品的占有率占全台七成以上。後來，作壓克力時，他也是一馬當先，成為全台的壓克力之父，而今，這一產品對他而言，其誘惑力超出壓克力千百倍。

他大量地吸收ABS的相關資料，其原料的組合、其下游的加工，其產品特性，國際市場的可能需求等等。任何一小片資訊，他都不放過。就像在研究寶物與挖崛寶藏般，任何粗魯的撥弄都怕會傷及完整度。

多年後，他曾強調：商人是經驗的累積，商品會有不同的變化，但是，經營手法往往是相似的方程式。

「泛用用途」戰略成功

石油化學是許文龍多年的戰場，他有自信，ABS一定能在他手上，能在他的工廠生產出來。而且，最重要的是，他的「戰略」與全世界的ABS廠商不同。他不認為，ABS是一種「特殊工程塑膠」，他主張，ABS是一種「泛用工程塑膠」。在「特殊用途」與「泛用用途」之間，他作出抉擇，他向全世界的廠商挑戰。

誰也沒想到，一開始他的構想還被取笑過，而今，卻是全世界廠商向他的構想俯首稱臣，他做到了「革命性」的用途轉變。將來，在世界石化用途的歷史上，許文龍有著其國際上的歷史地位。

戰略不同，整個作戰計畫全部不同。許文龍從一開始，就不打算用「舊有」的市場手法。用一大批的高級業務員，去教下游的廠商如何使用，這是多麼的浪費人力！

再說，他年輕時，開過塑膠工廠，當時他就痛恨塑膠訂單的「少量多樣」，害得他整天忙著換模具。所以，他不打算走同樣的路，他不喜歡「使用者品級」（customer grade），工業產品，尤其是大宗產品，不可因「使用者」的要求，而提供「少量多樣」的「品級」。

生產者的品質應大眾化，應可以滿足多功能或多用途，同時，相對的，使用者也應修正其少部分特殊的要求，以避免不必要的高成本。他認為，工業製品不是藝術品，不應該將成本放在太過花稍的不必要層面上。他不主張一味地應使用者之要求，而應是雙向的修正改進。

不過，他堅持經濟規模地大量生產，唯有如此，才能將「特殊用」轉換成「泛用」，也唯有如此，才可能改變整個成本結構。

一旦成為「泛用」，則不必要的高級業務員即可取消，一旦走上「泛用」，以量產來取代使用者品級，成本結構是全面性地改觀。

ABS草創時期

問題是，這些理念能否實現，還有待最現實的難題要加以克服：奇美確能製造出「價廉物美」的ABS。

根據陳錦源的回憶：

ＡＢＳ方面，一九七三年奇美集團已開始進行實驗之研究，一九七六年以直接接技法，進口聚丁二烯乳膠，在國內首先生產，時月產能二百公噸。雖然生產效率低，品質變異大，色相也不佳，但市場仍舊熱絡。

一九七九年，月產能擴充到四百公噸，並自日本聘請原遵司為技術顧問，以期突破技術瓶頸，改善ＡＢＳ之技術水準。

一九八〇年，月產能擴充到九百公噸，同時為了穩定聚丁二烯乳膠之品質，價格與來源在國內首創生產聚丁二烯乳膠自用。

此為奇美集團ＡＢＳ草創階段。

這段期間，生產的品質並不穩定，生產技術並未有重大突破，許文龍卻已採用「擴張政策」，硬是將月產能二百公噸的第一廠，擴充為月產能四百公噸，並於一九七九年二月完工。（參見ＡＢＳ樹脂製造流程圖）

同時，這段期間，生產ＡＢＳ一直是虧損狀態，許文龍卻根本不在乎，他的眼光看得很遠，他很有信心，在一面擴廠之餘，他還決定要自己生產聚丁二烯乳膠。

丁二烯被歸類為特殊化學物質，在常壓之下其沸點是攝氏零下四・四度，換言之，常壓之下其呈氣體狀態。丁二烯氣體一遇上火源，會產生劇烈爆炸，危險性非常高。

因此，丁二烯的儲存、運搬、抽送、反應槽、管線等之設計、建造、保養都需要特別處理，早期保利為了不傷這些腦筋，直接進口以免麻煩。但是，要大規模量產，這一來源不能再等閒視之，聚丁二烯乳膠的成分中，有五〇％是水分。善於精算的許文龍笑稱：「用錢買進口的水，太浪費了。」

善於蒐集周邊資訊

正當保利（保利與奇美是關係企業，但各自獨立運作，一九八五年才合併）在摸索著走出「自行開發」之大道時，台達於一九七九年宣布，要投資新台幣七億元在高雄林園石化工業區設立年產二萬公噸的ＡＢＳ廠，建廠時間兩年，預計一九八一年開始供貨。台達同時宣布，將引進日本東麗（Toray）之整套生產技術。許文龍並非不知道技術的重要，問題是，在當時想用「錢」直接引進技術，其財力不是保利所能負擔，奇美與保利的兩家總資產還不到五億元。

再說，買得到買不到「真正」的技術也是一大問號。讓聰明人下笨功夫，一向是最實在的，許文龍決定讓其手下的優秀人才，一個個慢慢下功夫自己摸索，不怕犯錯，只要有正確的答案即可。

許文龍很擅長利用購買原料時，順便取得「周邊知識」，賣原料的廠商總是擁有一些與其所售原料相關的周邊知識，而且，這些周邊知識，原料廠商多不保密，甚至，會熱心介紹，只要你是他的買主，他總是樂於提供。ＡＢＳ的生產，要多項原料一起聚合，每一項原料的賣主，保利總是不斷地探詢聚合ＡＢＳ的相關資料。這種周邊資訊的蒐集，不但免費，往往還很實際。

此外，找專業人才方面，許文龍也有一套，如前所提及聘請日人原遵司當顧問即是一例。原遵司畢業東京大學部應用化學科，之後進入東洋高壓服務，東洋高壓後遭三井化學併購，原遵司仍留任三井東壓化學公司。但是，三井東壓化學並不重用原遵司，顯有受到公司內派系色彩影響。此外，三井東壓公司本身評估過，認為ＡＢＳ的遠景不看好，而加以放棄，當時三井東壓公司已開發出相當高品質的ＡＢＳ。

原氏精通高分子研究與苯乙烯系聚合研究，為一卓越的研究人員，他對聚合法的研究包括：乳化聚合、接枝聚合、塊狀聚合、懸濁聚合，差不多涵蓋全部聚合技術。

而原遵司的挖角成功，是有森豐的功勞。有森豐是奇美集團在東京聯絡事務所的所長，他的特長是他在ＰＳ（包括ＡＢＳ）業界，有豐富的人脈和對技術動向的情報力。

不過，當年，有森豐在奇美的ＡＢＳ還沒真正夠水準之前，曾說過一句讓奇美技術人員一直耿耿於懷的話，他說：「奇美所生產的ＡＢＳ，只是類似ＡＢＳ的產品。」其口氣中之輕蔑，令奇美開發人員聞之永生難忘，但以當時的情況來說，朱玉堂表示：「只有以當之無愧來自我安慰吧！」

在技術開發上，奇美集團不但到國外挖角，甚至，還到日本設「情報站」，同時，一邊買料，還一邊探消息，如此多管齊下，ＡＢＳ的生產技術是一步一步在突破。

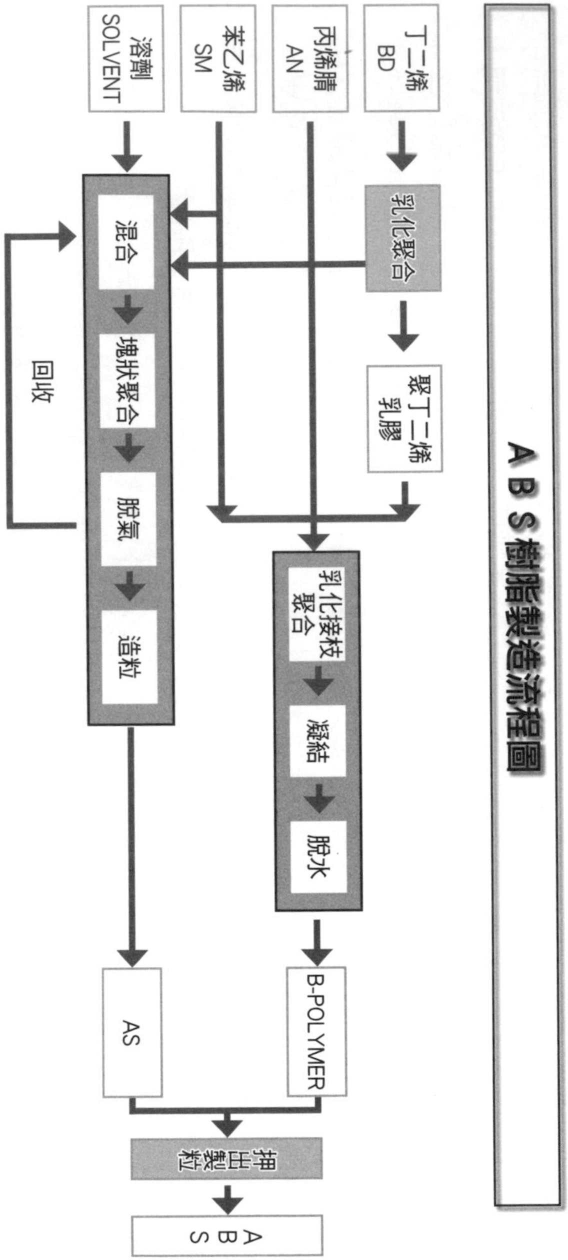

29 雄霸ＡＢＳ市場

一九八一年，是奇美集團很關鍵的一年，因為，在那一年他們運用ＰＳ的生產技術，在國內首先以連續式塊狀溶液聚合製程生產ＡＳ，另一方面，高橡膠含量之ＡＢＳ也研製成功，ＡＢＳ的生產技術，自「直接接枝法」（straight graft polymerization）邁入「接枝混練法」（graft-blend compounding）。

據了解，當這些突破出現時，保利的月產能雖也提高到五百公噸，但許文龍已經聞得到世界第一感覺，那個時候他就向身邊的人說過：「我們會成為世界第一！」陳錦源回憶道：「由於技術之改進，帶動品質的安定，及效率的提高與成本的降低，價廉物美ＡＢＳ應市的夢想實現，市場競爭力增強，更激發了奇美集團全力投注ＡＢＳ的無窮信心。」同時，因為保利化學公司的廠地已趨飽和，奇美實業乃停止所有其他擴建計畫，參與配合。

一九八三年年初，月產能邁入一千二百公噸，並購入電子顯微鏡。

一九八三年六月，月產能邁入二千公噸。

一九八四年，第二座ＡＢＳ廠加入生產，月產能突飛猛進，突破三千公噸。

一九八六年七月，下令增建年產能八萬公噸之大型化企業走向，一九八七年四月，又改命令，要建十五萬公噸的超大型工廠，這一命令在同年八月就實現了。這一超快速的建廠，沒想到正好碰上日、美未能充分供應，而適時趕上大陸搶購的市場真空。

工廠的搶建，據現任總經理何昭陽回憶，為了趕工，在工地還設有服務小姐送冷飲，幫忙點菸，提高工作士氣。此外，更實施每天發現金，工寮內裝電視、設冷氣，讓工人有舒適環境，不必回家。何昭陽說，這是董事長引用豐臣秀吉搶建城堡的故事激勵出來的。

至此，奇美已經占有國內六五％市場，晉身世界四大廠商（華納、孟山都、陶氏、奇美）。

物美價廉對抗景氣

一九八九年，年產能邁向三十萬公噸，在兩年時間內，產能增強五倍，已是全球第二，僅次華納。

經濟日報報導指出：「奇美放眼全球，擴充產能，建廠成本很低，有恃無恐。」

奇美的建廠成本，只有競爭對手四分之一。奇美在全世界攻城略地。據說，許文龍還一度遠赴日本，放出煙幕彈，向日本人表示，奇美明年的擴建計畫是幾十萬噸，日本人一聽，擔心全球產量過剩，乃不敢擴建。而日本不敢擴建，卻是奇美大膽放手一搏的力拚良機。

許文龍曾經說過：

最近到處有人問我，近二年來，台灣的景氣一直不好，你到底是根據什麼在擴建？我說，我從來未曾根據景氣好壞在擴建，我根據的是我的產品能夠比別人便宜，比別人好，有市場……等而擴建。

因為，全世界自由地區每年有二百萬噸的ABS市場，如果我們占了一成，就是二十萬公噸的市場。

景氣好的時候，東西固然可以銷售出去，景氣不好的時候，在降低成本的原則下，更需要便宜的產品。因此，我不怕景氣不好，我怕的是我們是否能夠生產物美價廉的產品，而既然我們擁有了比別人又便宜又好的東西，景氣就與我無關了。

我擴建的根據，只在於此相對的比較而已。

我想，這個真理是不變的。

奇美的ABS確實以「價廉物美」，而扭轉了世界各廠商的觀念，奇美以產品、產能、價格等多種條件，同時向國際證明ＡＢＳ是「泛用塑膠」，不是「特殊塑膠」。

善用「上兵伐謀」兵法

當然，在這證明的過程中，許文龍深深記得孫子兵法中「上兵伐謀」的原則。在相關的謀略上，許文龍可是一點也不含糊。他深知，要扭轉消費習慣是一件很不容易的事。因此，在與其他廠商「競爭」時，他主張只有一個法寶——便宜，同樣的ＡＢＳ，他比別家便宜，不過，一旦市場打開，奇美的價格可是不亞於日、美的價格。而且，他不勉強別人購買太多，他只鼓勵先「試試看」。同樣的產品，價格便宜一大截，一試用之後，買方必是心中清楚，下一回多叫點誰的貨！

許文龍的價格策略，常用一很有趣的比喻形容，他說，水可淹過嘴，不可淹過鼻子，我們的價格要訂在嘴與鼻之間。如果我們的「成本」比別人便宜四元，那售價要比別人便宜二元，如此一來，別人虧二元我們還賺二元。這一價差正是嘴與鼻的差距，是競爭時存活與淹斃的關鍵。

許文龍笑謂，用過奇美ＡＢＳ的廠商，不但貨愈叫愈多，甚至，先前採購的那家還遭殺價。生產事業最怕銷售量惡性循環地減少，因為，如此一來，利潤愈來愈低，而人事等固定成本，相對地愈來愈高，這種情況一旦持續，最終是要倒閉。日本的ＡＢＳ廠商，曾遭奇美以此一廉價政策逼得手忙腳亂，有的還因此而告關門。

奇美用「價廉」作出發，用「物美」來侵略市場，同時，以罕見的方式向傳統的業務員制度挑戰。許文龍深知，要改變「特殊」塑膠的使用習性，必要改變販售型態，他已有把握，奇美的ＡＢＳ是叫好的，為了不想讓「叫座」由業務員來掌控，他首創世界少見的「刊載價目於報紙上」之手法。

一九八五年開始，奇美就倡導只有服務員，沒有業務員的制度，大小客戶一視同仁，價格公開化，送貨順暢，貨款郵寄，不讓客戶吃虧，採取與客戶利害相一致的營業體制。

奇美的服務員到購買廠商之工廠時，不是催他們買貨，有時，甚至是檢查他們貨有沒有叫得太多，若是叫得太多，還會提醒他們：「奇美叫貨送得很快，不需囤存太多，這會造成資金不必要的耗積。」

「補庫存」怪招打下香港市場

ＡＢＳ的「產」，已做到質、量過人；而「售」也是突破性新穎引人。

奇美的「售」招，還有兩件事特別值得一提。一件是一九八五、八六年間，歐、美、日各國ＡＢＳ售價猛漲，每公噸高達美金一千八百元。

奇美見此價位，不但未搶國際市場，反而回頭照顧國內市場，停止一切外銷，全力投入國內市場供應，努力使國內售價維持在一千二百美元之間。奇美為的是，要使國內下游廠商能具國際競爭力，其著眼點是國內業者整體的競爭力。

另一件是，香港市場原為日本廠商瓜分殆盡，奇美闖入後，以「補庫存」的怪招，打得日本人東倒西歪。原來，ＡＢＳ的國際價格浮動很厲害，有的廠商為求貨源與貨價穩定，不敢輕易更換原料廠商。

許文龍則向香港的商人保證：「你們盡量去拓展市場，原料由我負責，買貴了一元退一元，有多少退多少！」易言之，如果向奇美進貨時，價格為每公斤十元，過不久，市場跌價為九元，則買多的人就要吃虧了，奇美為了讓買主不必擔心，只要市場一跌價，買主庫存的貨，每公斤退一元，有多少退多少，這可免除進貨後怕跌價的憂慮。

此招一出，在一年之內，將盤踞香港市場達二十多年的九家日本廠商一一擊垮。在一年的時間內，從零到擁有香港三〇％的市場，與日本九家製造商二十多年共同辛苦開發的市場總和相若！

一談到此事，許文龍仍掩不住其喜悅的神情。

奇美保利二合一

保利的ABS，在「產」的方面質量過人，在「售」的招數，更是記記有力，接著要面對的必是自己的「體」了！奇美與保利如何化二為一，讓其體強力壯，是許文龍一心掛念之事。

保利當時已達最高效率之瓶頸，想再更上層樓，則是沒地、人缺、錢不夠。而奇美部分則正要開發其他新產品，剛購入一筆十八甲的土地，有閒裕資金。許文龍乃要奇美捨棄「新產品」的開發，專心投入ABS。

許文龍以兵法來形容，備多力分是兵家大忌，因此，當ABS這一產品被挑定為重點開發與全力擴廠時，「奇美」與「保利」合作是勢在必行，也唯有如此，才能集中所有的力量，作單點突破。

一九八五年，奇美和保利兩家公司合併，合併後由當時的保利化學公司總經理陳錦源擔任新公司的總經理，下設壓克力、PS等兩事業部，同時，資深的高級主管則退居第二線作政策性的研究、指導。

合併後的最大優點是，產銷管理的一元化與合理化（奇美的效率與待遇，漸漸和保利顯出差距），當然，合併之後，難免有些不適應之處。

許文龍曾為此公開慰勉：「合併可能會帶給各位某些不方便。可是，我卻希望各位能順應大的政策，來支持合併，縱使個人小的不便，也當犧牲，為了合併如果派系產生，或有阻礙合併的行為，一定會嚴厲處分。」許文龍很少罵人，上述的說話，可能是最重的一次。事後，並未見任何擔心的不愉快事件發生，合併是順利的。

從技術研發中體會禪理

奇美的ＡＢＳ一路走來，是充滿挑戰與艱難，靠的則是經驗和耐性。許文龍以「觀念」為主導，當時，高橡膠含量的ＡＢＳ與ＡＳ混煉，只能以一比一來進行，許文龍再次用「濃縮原汁」的觀念將比例不斷提升，目前已達二、三倍的比例。

另外，脫水一般都以「熱風」處理，但其危險性高，奇美則自己開發出「壓榨式」脫水。奇美自己摸索出脫水的know-how與高橡膠含量的製程，這兩大突破，大大地簡化製程與降低成本。

摸索的過程中，看著失敗的結塊，懊惱地反覆挫折，有時，一天之中，還連連發生「大火」、「小火」，燒得焦頭爛額。這種種辛酸，一直到今天的世界第一，年產百萬公噸，遙遙領先各國同業，其過程實非筆墨所能形容。

不過，技術的突破，倒是有幾分類似禪理般，對即是錯，錯即是對，不錯不知何為對，不對也未必全錯，在對與錯之間的摸索，研發人員的感觸特別深，對與錯之間，真的也只是相對的對比，而不是絕對的答案。

戰略成功席捲全球

回顧許文龍在ＡＢＳ方面的戰略，可以簡述如下：他首先確定ＡＢＳ是「泛用工程塑膠」，不是「特殊工程塑膠」。

基於這一戰略，他將人才大量置於「研發」，而不是在「業務」方面。一俟研發成果出來，他挾低成本競爭力的高強實力，即不顧國際市場的景氣與否，拚命大量擴廠，以量產的經濟規模來打仗，並合併「奇美」與「保利」。

他主張，以最大的火力（擴建）配合自由競爭的價位，一定可以在國際上打開漂亮的市場。果如其所料，全球世界被其有如狂風掃落葉般，席捲殆盡。

在一九八七年，奇美是全球第二大ＡＢＳ廠商，事實上，奇美已是全球第一大外銷廠商，因為，美國、日本的ＡＢＳ廠商沒摸清楚奇美的價格策略，猶兀自大唱高價政策，而漸漸喪失國際競爭力。

接班人未考慮子女

當時，許文龍董事長接受訪問，正值誰是蔣經國的接班人之熱門話題，一度，連台塑、佛光山的接棒人也成為社會焦點。

許文龍面對「接班人」的問題，他豪氣逼人地說道：「我如果下令，不讓我工廠的ＡＢＳ產品流出門，三天之內，國際上ＡＢＳ的價格要飛漲。因為，我手上掌握了全球外銷ＡＢＳ的市場！」

「當然，我是不這麼做的。」接著，他又立刻顯出謙卑的一面，他說：「年輕人容易衝動，容易膨脹私心，誤以為『所有權』即是一切，殊不知，所有權不是絕對的，是相對的，有所有權即有『責任』，對員工有責任，對社會有責任，讓第二代扛這些『責任』，對第二代未必是好事。」言下之意，他不會讓他的第二代進入奇美集團擔任任何職位。他個人平時也常教誨子女，上下兩代都作同一事業，並不是一件很好的事，所以，他常鼓勵子女朝學術路線發展，他認為，學術界與校園是很好的工作環境和場所。

「大德」與「小惠」的抉擇

不過，他的這一份理想，在一九九四、五年之後，似乎有點變化。在「大德」與「小惠」之間，他面臨了苦惱，「大德」與「小惠」是許文龍常用的比喻，他解釋行善與作惡之間，不能以絕對的眼光去看，有時，要用相對的角度去看，例如，在廣島、長崎投下原子彈，對當地人是惡；但是，對結束二次大戰是善。

「大德」與「小惠」也是如此，有時以「小惠」施於人，未必有助於實際，但因「小惠」立即且明確，常很叫座，反之，行「大德」之善者，不假以時日觀察，常隱晦不明。他相信，對奇美的「大德」之一，即是將「所有權」與「經營權」做明白清楚的分隔，讓經營者有專業的發展空間。而股東、親人之間，有的不知尊重經營權，甚至，老懷疑「外人」的忠貞。

若要依股東，甚至親人之見，專重親情，而以「小惠」之心來處事，必造成對「經營者」很大的干擾，「大德」是不容如此的。大德與小惠之間的衝突，逼得他開始考慮引進自己的第二代，為的是有朝一日可以派上用場——貫徹「所有權」與「經營權」分開的「大德」！

必要時可以讓「第二代」以大股東的身分發言，為實際辛苦賣命付出的「經營者」多做一些空間的堅持與爭取。

・第八部・

奇美的企業文化

30 簡單而人性的公司

歐洲啟蒙主義者的勇敢，在於他們敢於日常生活的各個方面運用理性。——康德

任何一家大型企業，都會有他的企業特色與內部自己形成的特殊文化。以長榮集團而言，其領導者篤信一貫道的思想，在企業內部和員工身上均可看到或多或少的影響。這是該集團之企業文化的特色之一。

「討好老闆」的報業文化

以報業而言，編輯們也有一些令人詫異的報業文化。

尼古拉斯・柯瑞奇所著的《紙老虎・全球報業大亨》一書中，對編輯的特殊文化，有一段很有趣的描述：

編輯們對於老闆的最微小偏見都非常敏感，並且會在報紙上立即反應出這些偏見，

以討好老闆。如果老闆說他不喜歡吃蚌肉，那麼編輯就會筆伐所有蚌類對人類的危險性。

如果老闆偶爾提起他在西班牙度假非常愉快，或是班機延誤了，或是相信南美洲的熱帶雨林是很重要的課題，馬上就有旅遊記者、工商編輯、專欄作家被指派去追蹤這些新聞。

報社是謠言耳語的共鳴箱，老闆的建議沿著指揮鏈往下傳達時，會越變越響亮。

這是研究全球各報業大亨時，被發現的有趣文化，國內當然也多少有所類似。

工作環境一團和氣

各行各業或是大型企業，皆有其特殊文化，奇美的特殊文化是什麼呢？

奇美公司協理陳哲祥，原任職台達化學，台達化學之前，也換過不少工作，自一九八二年進入奇美，即一直未再異動。比較了多個不同企業的工作環境，陳協理認為奇美的企業特色是：「和氣」與「求變」。

和氣即同仁之間、上下屬之間、對外廠商之間，總是以和和氣氣的氣氛在進行。陳哲祥說，在「取」與「給」之間的合理和不計較，是和氣的重要根源。取的滿意，給的不計較；或是，取的甘心，給的愉快，雙方必定也是一團和氣！工作環境中，人與人之間永保一團和氣，他很喜歡這種氣氛。

在外銷倉庫任管理工作的林清密，則是「和氣」的散播類型之一。對前來領貨櫃卻忘了依規定簽名的司機，林清密會笑指著簽名簿，說道：「這兒沒留你的大名，以後不能做紀念。」

面對素質參差不齊的司機，林清密的哲學是，他們跑車情緒時好時壞，我們不能用自己的角度影響他們，抱著愉快的心情說話，就不會得罪別人，工作也能互相配合而順利完成。和氣，是大家都不討厭的事，只是，有時在追求發展或利益分配不均時，難免就「容易傷和氣」。

找答案，不找責任

奇美又是如何不傷和氣的呢？尤其，它又是不斷「求變」的企業，求變的過程中，一定容易傷及和氣。陳哲祥表示，公司不斷追求新的研發，有時根本沒有完整的建廠計畫，就已經動工了，甚至，廠都建好了，但問題還沒解決。

董事長給我們最深刻的印象是，找對，不找責任，找答案，不找檢討。

大家用心去找出「對」的答案，而不必擔心找出「責任」所在，只有「對」才是重要的，「責任」是一點都不重要的。「找對」、「不找責任」，這是少見的一種企業文化。

在這種文化之下，「錯誤的摸索」反成了自己無形的寶貴資產。也就是說「自我成長」的誘發，是奇美內部一種看不見摸不到，但卻是其企業與外界競爭的最大能源之一。

《上杉鷹山傳奇》的啟示

在奇美公司的刊物中，由內部同仁程裕修所寫的〈《上杉鷹山傳奇》的迴響〉一文，可以感覺出，奇美內部同仁之間，對「自我成長」的要求與感染。

程裕修在文中一開始即點出，看《上杉鷹山傳奇》是因企畫處林榮俊協理的介紹（由此可見，公司內同仁之間，有互相介紹好書的風氣），接著再表示，因閱後的啟示而提供感想與大家分享。

據說，美國總統甘迺迪有一次在會見日本記者團時，被問及：「你最敬仰的日本人是誰？」甘迺迪不加思索地答以：「上杉鷹山。」上杉鷹山是江戶時期米澤藩的藩主，他一生中最大的功績便是把債台高築，且瀕臨破滅的米澤藩建設成豐衣足食、文教大興的理想國。

在程裕修寫的這篇文章中引述上杉鷹山的故事，同時強調：「大家所贊成的改革是改革別人，而不是自己，由於人人都這麼想，所以改革很少成功。

「改革不是指陳過去的錯誤而要求修正，而是在身處不停變動的環境，求生存的改變，我們如果只沉醉過去的成功而不追求改變，絕對會嘗到失敗的結果，改革的目的，是在快速變動環境中，追求生存機會，創造更佳的競爭優勢，『而不在否定過去』。」

上述這一種少見的觀點，在奇美的上上下下之間普遍的流傳。

改革是為了追求強而有力的未來

凡事「找答案」、「不找責任」，改革不是在否定過去，而是在追求未來的適應力！因為只管「找答案」，所以，大家不必急著推諉責任，也因為，找出對的比推開責任還迫切，所以，奇美文化中「做對了」要比「賞罰分明」親切。其實，大家都做對了，賞罰分明好像也不太需要嘛！在團體中，部隊才是需要賞罰分明，在家庭團體中似乎從未聽聞以賞罰分明而出色的。

改革，不必是原來做得不對，而是在追求未來的適應力！這般觀念，可讓「被改革者」心裡舒坦多了，因為，改革不是在否定他，是在幫他追求更好的適應力。

許文龍一直強調「觀念」，他常認為，他的成功是因他的觀念成功。誠然，在大家習以為常的邏輯思考中，他能擺脫開來，他不重視「責任」，只重視正確的答案，在研發過程中，確實，「正確的答案」遠比「責任」重要。

在公司不斷革新、創新中，不只他董事長一人有改革的觀念，連內部員工都能撰文落實阻力最小的「改革心法」，改革不是現在或以前不對，而是為了追求強而有力的未來。所以，程裕修在結論說道，最後想藉幾句話和大家共勉之：

「雖然公司這麼大，但每一個人對公司都很重要，準時上班打卡不是公司最需要的，我們對公司的最大貢獻在於，我們能不斷地學習成為獨立思考、應變力強的員工，並勇於承擔責任，創造價值、積極地改善現狀。要知身為奇美人就要能傳承奇美文化，並與團體榮辱與共。」

具建設觀念的企業刊物

國內各大型企業，或多或少會有其內部刊物，而這些企業刊物的內容常是以「政令宣導」居多，怕上頭的命令下達不了基層，或者，以笑話、食譜來墊檔撐版面，有的還拿大老闆的兒女照片、過生日來「慶祝」一番。

奇美的企業刊物中，未見任何歌功頌德，倒是可以見到不少有建設性的觀念。企畫處的楊明盛在社刊中也以三個笑話為公司的「觀念」做注腳。

一、IBM公司為奇美做整廠整線的CIM規畫，結果，IBM公司表示，不知道該如何給建議，因為，奇美已經找不到假想敵了，請把自己當作假想敵吧！

二、一位有二十年桌球經驗的大學桌球校隊敗給一位不到三年經驗的國中生後，百思不解，最後才恍然大悟，原來，國中生贏球的原因不是「去學別人的優點」，而是把「自己的缺點改正」而已。

三、一位韓國人與一位美國人到阿拉斯加釣魚，遇到北極熊，兩人拔腳就跑，北極熊在後緊追。韓國人跑得特別快，美國人就是趕不上韓國人，美國人邊跑邊喘著問：你為什麼能跑得如此快？韓國人回答：「我只是要比你快而已，我只要跑得比你快，我就不會被北極熊吃掉！」

楊明盛以這三則小故事向同仁表示，我們最大的敵人是自己，如果我們要在ABS界繼續存在，就必須解決我們自己的缺點。他指出，由於公司的最大優點是「彈性」，但因強調彈性，確實也產生許多後遺症，需要有人來「消防善後」。

在奇美的內部，可以一再地嗅到，改革自己、自我成長、求進步的文化氣習。

奇美人物群像

在自我成長中又不排擠別人，是一股不錯的風氣，在一則「奇美人物」的圖文簡介中，有一段描寫得不錯的文字。

奇美人物群像

沒有叱吒風雲的紀錄
不求英雄主義的表現
這裡強調的是
一群共鼻息、扛任務的人
他們從汗水淋漓的肩背上
老老實實地　掙得健康和幸福的生活
奇美企業　在他們厚實的掌中
堆砌一脈　沒有僥倖、沒有特權
卻令人稱羨的業績與企業特質

循人性基礎做雙贏規畫

奇美文化中，仔細地靜觀，讓人發現：「人性」的深入與了解，和「刺激」的掌握與誘導，是不可或缺的兩大重點。

許文龍在帶領整個企業時，處處從「人性」著手。他深知，人性有善的一面，但是，也有惡的一面，人的行為，本性是動力，方向可是隨時被調整的。循著人性的基礎，作雙贏的方向規劃，公司的體質和員工的素質才能健全。

許董事長說過，上班族在處理公司事務時，頭一個思考的重點往往是，先確保自己沒錯，然後再求表現。這種心態不能說是錯，只能看做「人性」多是如此。

他說，為了避免我的公司也是如此，我一向不採減點主義，我只採加點主義，我的公司要的是，全世界最新、最好的技術，如果員工只肯用「不會錯」的技術，那肯定沒希望。「不會錯」的東西，其所以不會錯，是因為別人都已經用過了！

在奇美，「不會錯」不但不稀奇，還可能是一種累贅。

無私以治貪

人性中，最可怕的缺點是「貪」，佛家不就是戒「貪、瞋、痴」；其他的宗教也都勸人不可貪心。

貪的根源與果實，全在一個「私」字。奇美文化中，在治理「貪」字的處方上，就是董事長自己帶頭：「沒有私心」。在公司股份上，他個人帶頭捐出「員工股」，在奇美醫院的併購時，他一人承擔醫院原來的負債保證。

在經營權和所有權上，他釐清兩者關係，總經理何昭陽和許家一點家族淵源也沒有，是從基層升上來的實作人才。

「私心」是資方的天生包袱，如果資方不願揹著這包袱，勞方是沒太多機會去揹的，就算偶爾投機偷揹，總是傷不著重處。

求才，是第一要事

奇美的人事制度，也多少反映著其文化。奇美公司相信，找人第一要緊的事，千萬不可找「品行差」的人，那會感染其他的好人，一旦公司裡，好的人才多了，壞的或不是很好的人，會因量變而質變，跟著別人一起好起來。

在人事考評上，奇美公司只分「甲」、「乙」兩級，而這兩級的獎金又不太懸殊，人數上也相當接近，為的是：「大家都不錯，不可太仔細區分！」當然，也不能完全沒區分，所以，形式上還是有甲、乙之分。

若是有特別優秀的人，也只放在百分之四十五的甲等考績中，對真正的人才，也是不公平的。對此，奇美公司另外有五%的「特優甲等」考績，這是用來讓少數傑出、用心有貢獻的員工，獲得其應有的獎賞與回饋。

凡事簡化，成就不凡

奇美的考績評比中，不用表格打分數，據說，其原因是：最有客觀標準的，往往是最不客觀，也最不標準。凡事簡化，是奇美企業文化的一大特色。

日本三菱化學公司石化企畫室部長古澤隆士，因善於釣魚，而被總公司派來與奇美公司作長期聯絡的幹部。當他被詢及奇美之特色時表示，奇美有很多特色是在日本很罕見的，例如：奇美所有的員工幾乎都不加班，五點鐘的下班鐘一響，人立刻走光，享受工作與享受人生，並行不悖，且重視家庭。

此外，奇美的員工「負責任」、「互相尊重」、「好溝通」、「人才素質高」、「各式人才兼備」。最後，當古澤隆士被詢以：用一句話來形容奇美公司時，古澤隆士思考良久，才答以：「It's a simple company.（它是一家簡單的公司。）」

奇美公司的成就絕對是不簡單的，但是，它卻能讓長期接觸與合作的外國人覺得，它是「一家簡單的公司」。

這大概是易經繫辭上所說的：「易則易知，簡則易從，易知則有親，易從則有功，有親則可久，有功則可大，可久則賢人之德，可大則賢人之業。」易和簡是成事的大道理。

對奇美的員工們，易知、易從的最具體的表現是：一到下午五點，鈴聲一響，人全部走光，不加班、不趕夜工。

31 「週休二日」的遠見

奇美的週休二日，早在一九八三年，董事長許文龍就開始要求。當時，許文龍的要求是，「不准加人」，「不准增加成本」，然後要各幹部動腦筋，把員工的休假變成一週休二日。這一要求，聽在其手下大將的耳中，大家都覺得是天方夜譚，沒人在意。

然而，在一九八五年的二月，公司二十五週年運動會上，董事長突然主動公開宣布，今後的福利將朝一週休兩天的目標努力！這一宣布，令各級幹部真正的緊張，原來，董事長是玩真的了。

據現任總經理何昭陽回憶，推動一週休兩天，其阻力相當大，有的來自現場的作業人員，因為，他們怕人少了沒有安全感；有的來自觀念，大夥不太相信，世間有這麼好的事，一個禮拜休兩天，薪水還是一樣多！而且，工廠的生產現場不比其他業務，它往往是一個蘿蔔一個坑，這兒拔掉一個蘿蔔，就馬上出現一個坑，這個坑不補，必有別人要去填。

總經理何昭陽表示，為了一一排除困難與障礙，還讓所有的現場人員以表列的方式，將他們心中的問題一一列出。

投下鉅資推動「週休二日」

這些問題可真是包羅萬象，到底，原是四人一班的工作，硬是要抽掉一人「休息」，那萬一剩下的三人又有一個拉肚子，現場的人手根本應付不來，那要怎麼辦？還有，一個人只有兩隻眼睛，而原來有四隻眼睛在監視的現場，一下子少了一個幫手，看不到的死角怎麼辦？甚至，只剩一個人，想上廁所時怎麼辦？

為了讓大夥安心，這些問題可是費了不少心力，大致上是以下列三大原則克服：

一、建立互相支援的制度，有些不是現場的人員也納入支援制度中，這些人員只做緊急狀況的支援，並不做平時工作的替代，主要功能是應付工廠的緊急安全狀況。

二、自動化設備，讓人力的工作量，盡量在機器的代替下提高效率，好讓人多休一天。

三、監視系統的加強，以監視系統來監控現場，一方面可以減少安全死角，一方面可以注意員工的工作情形。

國內到九〇年代，都還少見的週休二日制，就在奇美各級幹部和現場工作人員的通力合作下，於一九八八年七月一日正式推出，當時為了推動這一制度，據奇美公司的幹部表示，投下的自動化和監視系統經費不下千萬元。

總經理何昭陽對這一制度的推動，一方面對董事長的遠見佩服，一方面指出，當時被「抽出」的人手，以三人代替四人的模式，竟成了以後各現場的「標準」，試想，這對整個工廠的效率提升有多大！對國際競爭力的提高更是不在話下。

而這一構想的落實，對許文龍而言，是最具體的理念實現，因為，他一再地強調，企業是用來追求幸福生活的手段，不可因為企業而一再加班，犧牲家庭生活。

32 「擰毛巾」觀念的執行

商人，很少沒受過銀行的氣，許文龍當然也不例外，尤其，他一生少有講求「特權」的機會。

當第二次石油危機來襲時，奇美正好才購入大筆土地，一時之間，資金緊縮，沒想到，向銀行開口增加融資，卻碰了軟釘子。更意想不到的是，平日合夥甚歡的日本三菱商事，常掛在嘴上：「有需要資金，隨時可開口」的台詞，也改口不提了！

許文龍一氣之下，下令向「物流系統」自籌資金！

「擰毛巾」理論

他提出「擰毛巾」的理論。他相信，在整個物流系統中，一定有很多不必要的浪費，或鬆散無效率之處，只要將這些「角落」一一清出，一定可以籌出不少資金。

舉例而言，應收款是否拖欠太久，尚未進行清理？庫房存貨是否過量？能源有無設法節約等等。據了解，這一用力「擰」的結果，擰出了將近億元的資產，對當時的財務，不啻是鬆了一大口氣。

更有趣的是，這一經驗傳承了下來：

一九八九年，該公司的物流改善小組，面對一年一百八十億的業務，物流成本占三・五％，表示不滿意，打算再加以壓縮。

一百八十億的三・五％是六億二千萬元左右，物流改善小組希望再降二〇％，大約是一億二千三百萬元。

物流一二三

他們命名此一活動為「物流一二三」。

在這一活動中，收穫頗佳，找出了很多不必要的「浪費」。

諸如：

一、早期賣給養樂多的產品，因是食品級，客戶要求以成本較高的白色牛皮紙袋包裝，但衡諸實際需求，卻不盡然，遂向養樂多公司求證，該公司也覺得沒必要了，乃加以取消。**（按：白色牛皮紙袋，一月用掉八千只，一只多貴二・一元，一年可省下二十萬元。）**

二、原以為海關規定每包塑膠料，都得貼上嘜頭（shipping mark），每次出貨，都由外包商亂貼一把，除多耗工時、工資之外，外觀自是為之不雅，後來一經接洽，海關同意在每一貨櫃門後背貼一張即可，這一張取代了原來的七百二十張。

三、銷大陸的紙袋包裝，以「高張力」袋處理，每只貴二·五元，量大時，一月用了二十五、六萬只，現今，更是成長至百萬只。改善小組主張「試用」一般袋，結果，也未發生任何意外或索賠，這一試用每月省下以百萬元計之新台幣。

四、曾有客戶抱怨，貨櫃裝得太滿，一打開櫃門，好幾袋原料傾瀉而壓傷人。自此事件後，十八噸的貨櫃一律只裝十七噸，怕的是再生意外。改善小組不以為然，或許，那次意外是工人偷懶沒裝妥，豈可以「一次意外」，就判定「一律減裝」。

於是，在業務單位及倉庫單位配合之下，先試著裝十七·五公噸，試了一段時間，再試十八公噸。諷刺的是，不但未再聽到抱怨之聲，反而聽到讚美之聲。香港的代理商叫好，因為一貨櫃裝載愈多，成本愈低，管理愈方便。以一個月的貨櫃量達二千個之運輸量來看，一個多裝一噸，一個月即可省下二千噸的運費。

五、連包裝袋的大小，都加以比較，結果發現，奇美的袋子比別人大了三%。將這三%省下，一個月可多出六萬只袋子。

六、不但替自己想辦法省，也替下游想辦法省。奇美免費送給下游廠商儲槽，並代為規畫從儲槽到射出機的自動輸送系統。這一過程還借調了工程部胡榮春協理，到各下游廠商處幫忙。

結果成績輝煌，佳評如潮。新竹東義公司興奮地說：「以前外送染色，一公斤多三元，而今，可用色母直接混合射出，『工事』省又輕鬆。」

台中三坤的老闆更說：「以後不用擔心找不到拆袋投料的工人，而且，一包三元的拆裝費也省了！」事實上，更重要的是，寸土寸金的台灣，中小企業狹窄的廠房，透過原料儲槽與自動供料系統，讓有限空間更有效的發揮，才是最大的受益。也因為如此，一年之內，接受輔導的下游廠商高達二十多家。

建立「物流改善」意識

物流小組的改善方式是很科學的，其科學的程度甚至到了將每個動作都加以分析。經其分析，整個作業可細分為五類動作：

一、基本行為：產生價值的動作（如物品有移動的狀態）。

二、無用行為：對物品移動沒幫助的動作。

三、輔助行為：對物品移動沒有直接的作用，如準備棧板的動作。

四、過剩行為：對物品僅轉換方向的行為。

五、重複行為：如盤算數量的行為。

上述五項行為，以碼錶加以計時紀錄，基本行為的百分比愈高，愈有效率，反之，則需糾正改善。一連串的改善之後，明顯可見的績效一一浮現。原來的「人工裝櫃」，現在成了「機械裝櫃」，路邊堆置成品的習慣也已消除，現場手動包裝的現象也消除。

正如該改善小組所言，最寶貴的收穫是，同仁之間普遍建立「物流改善」的意識，不必要的浪費與動作，大家皆有責任加以消除。易言之，人人都有共同「擰毛巾」的觀念與想法，可以為公司省下不必要的資源浪費。

33 奇美實業的靈魂人物

奇美實業能有今日之規模，許文龍是靈魂人物。

許文龍是一位思想很獨特的人士。當他的工廠失火，上億的廠房設備在熊熊烈火中燃燒冒煙時，每個人焦頭爛額地忙著撲救，他皺著眉頭，神色凝重，指示搶救人員，不用再搶救火中的貨品，趕快幫緊鄰民宅闢出一條防火巷，最後，他口中冒出一句：「要買隔鄰的土地了！」在火場中，有人被濃煙嗆著，有人為著廠房心慌，有人則不知所措地乾著急。許文龍看到的卻是往後的「擴建」！

火燒過後，廠房一定要再蓋，新蓋的廠房一定要比舊的還大還好，原有的土地不夠用，增購鄰近的土地也就是必然的事。誰會有這般反應？看著失火，卻想著「擴建」，這是多麼奇特的聯想。這是樂觀，還是遠見？或許兩者兼具。

「大事」的預言高手

許文龍又是一位很有預測能力的高手，在「大事」方面的預言，他一向很準。

早在一九八〇年代，他就預言，日本的ＡＢＳ將會被他打垮。打贏的原因是日本人喜歡以協商方式議定價錢，他相信，這種違反「自由競爭」原則的價格策略，一定會被淘汰出局。

到了一九九〇年代，他的預言真的出現，日本的ＡＢＳ廠真的開始出現經營不善，面臨倒閉的危機。

更早在一九七〇年代的石油危機前，他也預見原物料會大漲，而大手筆的簽下大量「訂購單」，此一先見，讓他為之大賺特賺。

他在跨入ＡＢＳ的生產時，他為自己的未來向股東們預言：「我們的工廠有朝一日會是世界最大的！」有人半信半疑，因為，他的預言常會出現，但是，以當時的規模，要相信這一預言會真的實現，坦白說，是有點令人難以置信。然而，他又說中了！

奉自由競爭為圭臬

他一向反「特權」，他的工廠內沒有任何人有任何特權。

他自己一生也不作任何「特權」的生意，他認為，作「特權」的生意，會喪失自己的競爭能力。他相信自己擁有競爭的實力，就是最佳的本錢，所以，他很討厭政府的保護措施。

一般人總是希望自己從事的行業，能受到政府的保護，而他正好相反，當政府設定關稅之比率，而有利於他的產品售價時，他反而找人向政府陳情，「市場愈開放愈好」，「任何保護措施愈少愈好」。認為保護是惰性的開始。

自由市場靠自由競爭生存，是許文龍信奉的圭臬。台灣其他的大企業，不論金融或保險，乃至航海、航空等，都有「特許」或是「執照」的開放問題。

壟斷或寡頭的生意，他一向沒有興趣，他喜歡自由競爭，在比品質、比價格的戰爭中，他聞得到真正勝利的味道。在那股勝利的味道中，所散發出的人類智慧與自由角逐的豪氣，對他而言，是無以抗拒的誘惑。

喜歡研究歷史

在歷史的研究中，他用自己的獨特觀點去尋找注腳，這些注腳讓他的遠見得到有力的支撐，同時，他也看到了別人的盲點。

他反對產業的規模發展上下游之間應供需平衡。他相信，國際上要走的是各國分工分業。

從歷史的角度，他赫然發現「上」、「下」游串聯合作的思考模式，竟是來自兩次世界大戰；在戰爭中，各國深懼被包圍或封鎖，而陷於斷貨源或缺零件的危機，所以，各國在戰爭中，乃至戰後，在開發國力時，均致力推動上下游同時發展的完整性。

這種源自「恐封鎖」的思考方式，無形中給了全球一個大盲點，即一國之內，各級產品之間，要有能力自行供料、自行生產、自行組合、自行銷售等一系列的「全套」不求人系統。

許文龍在投入ＡＢＳ的生產時，他根本不採信這一理論，他拚命地生產ＡＢＳ，他從來不害怕上游原料的貨源問題。

這種想法，其實並不寂寞，豐群集團創辦人張國安當年還在汽車業時，也曾提出類似觀點，國內不需發展大汽車廠，只要挑定汽車內的一、兩項重要零組件，全力發展成世界權威；以質、量俱佳的實力，打進各國名車之內裝，照樣可以在世界先進工業國家中舉足輕重。

這是國際分業，也是國際合作的趨勢。

許文龍一身上下都是「自由競爭」的細胞，他厭惡「封鎖」，所以，他不會落入「恐封鎖」的盲點，他還注意到，保護也是一種「封鎖」。保護是自我的封鎖，是退化的開始，是特權的溫床。

有「保護」才會有「反傾銷」，他認為台灣根本沒道理去推行「反傾銷法」，美國是市場大而廣、人口又多、資源豐富，自給自足性強，才可考慮反傾銷，台灣是以外銷為主，市場小，根本不用擔心人家傾銷。

在國際分業的思維下，許文龍不贊成台灣發展煉油、水泥、鋼鐵等工業。因為，台灣地狹人稠，根本無足夠的土地與水資源。他主張自由競爭、反封鎖、排斥保護，當然的也就討厭特權。

正因為他不喜歡「特權」，因此，當他熱愛釣魚，常以「漁民」的身分出海釣魚時，有一次被海防部隊找碴，要求他「罰站」時，他一點也不生氣。

他說，站就站，有什麼關係呢！更何況將釣魚的樂趣和罰站相比，罰站根本不算什麼！他不在乎面子。他對「不實際」的東西，一向不在乎。面子，對他而言，很不實際；實力，在自由競爭中存活的實力，那才實際。

善用人才，發揮空間大

當董事長，他很好玩。一生不喜坐辦公桌，他強調，他是環境經營者，負責經營出良好的工作環境或奮鬥環境，但他不適合在裡頭從事工作或與手下競爭。

企業，是用人的比賽，人才愈多，愈加善用，則企業勢必日趨茁壯，反之，人才不能用，或人才留不住，則企業必日益凋零。

問題是，誰是人才呢？許文龍面對這一問題，回答得相當耐人尋味：「我對人的期望不高，但是，我對提供給人發展的空間要求很高。」他進一步的解釋，很多公司或工廠在用人時，往往是期望很高，但空間很小。

不斷地要求幹部要有更佳的業績或產能，期望天天在提升，但實際空間卻一天一天在縮小。

誠然，有不少公司在用人時，即事先暗示，採購是老闆妹婿、總務是負責人外甥，警衛是表弟，一大堆禁忌或限制，讓實際負責推動工作的幹部，處處受制，卻又成天要求「改進」、「改善」。

許文龍相信每個人都是人才，但看放在什麼樣的環境下。當然，有些是「幹部型」、「領導級」的，有些則適合「現場的」、「技術的」，人各有不同個性與才能，要善加以區分與發揮。

他也遇到不該升遷的員工，找他理論，要求升級，他只輕輕地說一句話，就駁倒對方。很多不求長進的員工，常喜歡以一句：「幹了這麼多年，就是沒功勞，也有苦勞」的話，來掩飾自己的不長進，甚至，進一步作為無理需索的藉口。

無功勞，就不該受祿，俗話說得好，無功不受祿，無功勞還提要求，就是無理需索，無理需索的藉口只有以押韻來表達：沒有功勞也有苦勞。

許文龍有一回遇到一個如此心態的員工，該員以服務多年，沒功勞也有苦勞作訴求，希望能晉升課長。

以機智反應出名的許董事長，一點也不含糊，以不慍不火的口吻反問道：「公司內有沒有任何一個閒人或沒用的人，如果你能找出一位，我立刻升你！」該員當場無言以對，羞愧而返。誠然，誰沒有付出「苦勞」？連「苦勞」都沒付出的人也存在，才只有苦勞也該升遷，不然，個個有苦勞，個個升課長，誰來當課員？

順應自然，恬淡自如

許文龍的一生，都很會賺錢，所以，他告誡他兒子，不必太會賺錢，不然，天下沒公理，錢都讓我們父子倆賺光了！

他相信大自然的道理，並且很乖乖地服從，他說：每個人都希望長命百歲，都希望財富只增不減。可是，卻從沒想過，如果每個人的希望都真的實現，那世界會變得多可怕！

墳場裡沒人，反倒是人間四處百歲人瑞，而且，每個人都是大富翁，錢愈花愈多，那般景氣，根本是地獄，不是天堂。他提醒自己，也提醒員工，大自然有生必有死，有起必有落，有悲傷必有歡笑，一切都是相對存在，不可只要「一邊」，忽略了必然存在的「另一邊」。

他取笑他的有錢朋友，因他的朋友向他抱怨，最近一筆生意不小心虧了三百萬元，他說：「是你兒子虧，又不是你虧。」言下之意，你的財富又帶不去，你哪有什麼虧不虧可言，真正虧的是你兒子。

他公司的股票不上市，據估計，上市的股價應有面值的五至十倍以上。易言之，一上市他的財富至少增加五至十倍，他卻說，一個人的財富如果瞬間膨脹十倍，是件可怕的事。

大自然中，沒有任何事物適合短時間內膨脹十倍的。因此，當筆者訪問他，股票一上市，個人財富立增數倍，何以不上市時，他的回答是不加思索，脫口而出：「噢，那很可怕！」「那是禍，不是福！」大多數的人，都希望自己能一夕致富，他卻不以為然，他認為那很可怕。他當然知道賺錢的樂趣，不過，他替有錢人的子弟惋惜。

他說：「有錢人的子女，其第一個一百萬多半是來自父母，父母出於疼愛，而給了財富。為什麼不換個角度想，其實，父母也剝奪了子女自己賺到第一個一百萬元的樂趣，那種樂趣不是金錢能換到的！」剝奪了賺第一個一百萬元的樂趣，多麼細膩的設想。

有錢人子女的人生，在他眼中不是那麼令人稱羨的，少了「無中生有」的挑戰，少了一生初嘗平凡勝利的機會，都是一件可惜的事。

「無私」與「達變」

許文龍對「矛盾」也有相當獨到的見解。

他認為，人生中許多矛盾，往往是自己找的，合夥生意，卻自己搞私人轉投資，先賺走最容易獲利的那一部分，讓「自己」和自己合夥的「公司」先出現「矛盾」，日後必衍生出麻煩。

他說，矛盾的出現，往往是因為一個「貪」字。為了私利與貪，埋下「矛盾」的因，日後，為了剷除「矛盾」所生的果，常需付出更高的代價或成本。

許文龍帶頭「不貪」，不貪就不會想揩公司的油，所以，他自己掏腰包買車子，公司沒配車子給董事長，他自己付薪水請司機。當年，初創業時，他就主張總經理的薪水要高過董事長，總經理領三千元，他領二千元。

自奇美成立迄今，公司董監事的車馬費，每人每年一萬元，這是不可思議的事。大公司每年分給董監事的酬勞金動輒數百萬或上千萬，奇美卻是區區「一萬元」。

此外，他的薪水大約只等於公司內課長級之待遇。

許文龍一生經商，常在追求「變」，為了適應瞬息萬變的商機，他常是行動與決策同時展開。「求變」、「搶快」是他行動的重要準則。不過，最可貴的是，他自己很清楚，「求變」、「搶快」是要付出代價的。因此，在求變和搶快中，他一向不在意「犯錯」，不怕犯錯才能很快找到正確的答案。

他的部屬也明白，在奇美上班，「找答案」永遠比「找責任」重要。

打不過對手，就讚美對手

事業上的競爭，不可能永遠站在贏的一方，落敗的時候，如何自處，可能比佔上風時更需要智慧。

許文龍在事業競爭上打不過對手時，用的招數也和一般人不同，他會以「誇獎」對方來爭取自己的時間或空間。

當年，奇美才推出ＡＢＳ產品時，台達已從日本引進一套七、八億元整廠設備的生產技術。兩者的產品一比較，奇美的是有點不堪入目，畢竟，土法摸索且還未理出頭緒，產品必是瑕疵不斷。

這時，許文龍慰勉其公司業務人員，對外不必忌諱，碰上台達的業務人員，就正面誇獎他們的產品是比我們好！他相信，接受事實，才會想拚命迎頭趕上，同時，品質好壞是一看即知，空口狡辯是沒有意義的，倒不如稱讚對方，鬆懈對方的防備心，給自己追上的空間少一份緊張的壓力！

這一招，在他想追上日本人時，他又用上了。日本的ABS生產商一直追求高品質，甚至，將發展策略朝向精密級的ABS，這麼一來，反倒忽略泛用級（ABS）之品質提升。許文龍一見此狀，內心暗自高興，並公開向日本人當面讚美，直謂我們的水準是真的不如你們，你們確實有走高級路線的實力等等。日本人對這些讚美必是窩心。

冷靜想想，精密工程塑膠，一年全球的總需求量才多少？很可能不到幾噸，而大眾化的工程塑膠卻是數以百萬噸計，兩者根本不能相提並論。鼓勵對手走向「微量市場」，無異是為自己變相爭取「大宗市場」。打不過對手，就讚美對手，這是許文龍的獨特思維。

「相對性」思考

他的「人性管理」，並不是單純把員工當「人」看待，他要求當「自己的人」看待。有人問他，奇美的員工個個都很賣命在幹活，原因何在？他的回答就是，我把他們當作是「人」，甚至當作是自己的人。

許文龍的「耐心」也很出色，早年，跑單幫賣舶來品時，他就深知做生意要有耐心。等他事業成功之後，對待員工他還是依舊保有耐心。

他說，為了聽從業員說出一句重要的話，你有時要忍耐聽他說九句不重要的話，有很多人聽了二、三句不重要的話，就沒有耐性聽下去，這是不對的。

你必須繼續聽下去，其中一定有一些話是你想要聽的，假若你缺乏耐心聽他說，相對的，你就聽不到真言。

許文龍的相對論連景氣不好都「有好處」可圖，他舉例：景氣不好時，不是只有我一個不好，對我而言，正好可利用這機會來從事內部的教育訓練與設備整修。因為，平時想要給予教育訓練都找不出時間，景氣不好時，恰好可以辦理！

贏得員工與廠商的心

賺錢，對許文龍而言，是一件易事，贏得別人的心，他可能會比較在意。

對內，他贏得員工的向心力，對外，他更是能贏得合作廠商的心。有一段他受訪問時的表白，很能說明他的想法。

他道：「按理說，公司乍聞客戶出現火災的情形時，第一個反應多是擔心公司的帳目是否來得及收回，或者帳款還剩得多不多，不會有人想去賣原料，因為，對方有可能會倒閉。

「在那個時刻，如果客戶想要繼續做下去，你第一個把貨送過去，則對方必然永遠記得你。

「當然，這樣做公司也許會吃虧，但這對整個公司而言，不是很大的損失，然而你可輕易的抓住對方的心。

「這不是奇美故意要抓住他的心，站在道義的立場而言，我也應該這麼做。」因為這種能設身處地替人設想，且願意承擔風險的幫忙，奇美與合作廠商之間，根本不需要無謂的「應酬」。

他說，我本人很少有應酬之事，縱然大客戶來時，也是如此，但無論如何，我對客戶有「心」，重要的是客戶有問題時，我能幫忙他們解決，而不是他們來時，大家吃喝一場，錦上添花，無濟於事。

許文龍連員工的婚喪喜慶都不太出席，他認為，人一死百了，弔祭也不會復活，至於喜慶，人太多了，不差董事長一人。不過，如果是員工有困難時，許文龍一定會設法籌謀解決，他說，對方確實需要幫忙，此時出現才有意義。

獨特思維造就不凡的事業

在細觀奇美的企業與許文龍的獨特思維時，不禁令人聯想起，湯恩比在《歷史的研究》一書中明白地指出，他要將「因果關係」一詞推開，彷彿那名詞有一股濃厚的公式化味道，他改以「挑戰」和「回應」來形容。

湯恩比認為，一個生物團體面臨對手所採取的行動，那不是「因」，而是一種「挑戰」。所以，它所產生的結果，也不是「果」，是一種「回應」。湯恩比相信其間變化多端，不能用「因果關係」將之簡化。透過挑戰與回應的詮釋，造成湯恩比以「力量」為觀察焦點，循著力量的出處，他的焦點就落在該處。

最後，湯恩比發現每一次焦點的落處，全然都在人的身上。推開傳統傳記的公式般推崇，模仿湯恩比的焦點，在奇美公司找人、找力量出處，最後的焦點一定是落在許文龍身上。

只是，在許文龍身上找來找去的同時，最令人不解的問題是：到底是挑戰找上他，還是他找上挑戰！以奇美的成就，是可以符合易經中所讚的：「富有之謂大業，日新之謂盛德。」因此，上述問題的答案或也可借用易經所云：「繼之者，善也。成之者，性也。」

好的東西，才能傳承下來，能成功的，是因其「本性」如此！許文龍能有今日的「成之者」，應是其「性」也。

·第九部·

奇美文化基金會

34 奇美醫院

生病，尤其是急病或重病，常使人們無助，又無尊嚴。

本來，醫師和醫護人員應是讓病人感到無助中還有一股希望，對人類的尊嚴，也還有點信心的。可惜的是，台灣多年來建立出的醫療系統，不論是醫療，或是醫護，總讓病人在無助中更顯掙扎的窘態，有時更被逼迫放棄一切殘存的尊嚴，而以撿拾自我憐憫來喘口氣。這種挖苦式的醫療文化，對名門之後或奮鬥有成的人而言，是不屑一顧的。

有權的人，以權貴來指使公立醫院的院長，為其個人與親友作頭等安排。

有錢的人，乾脆用資本買下或建出一所屬於自己旗下關係企業的醫院。

興辦奇美醫院的源起

奇美醫院的源起，有兩則小故事。

一則是，一九七〇年代，許文龍的兒子到美國留學，當時，台灣的救護車還很少，許文龍卻在美國人口僅五萬的奧勒岡大學城中，見到了救護車。

許文龍很高興地跟他兒子說道：「不錯，這麼小的城鎮都有救護車，醫療水準應該沒問題。」

豈知，許文龍身邊的兒子答道：「爸爸，那不是『人』的救護車，那是『動物』的救護車！」許文龍一聽，愣了老半天。他怎麼想都沒想過，「動物」有救護車。

這是第一則故事。第二則故事是當他聽說姊姊生病住院，他馬上趕去探視。卻在公立醫院的「走道」上，看到了住院的姊姊。原來，病床客滿，暫住「走道」。名為「暫住」，有的病人卻已暫住三、五天了。病床缺不夠稀奇，連診察用的心電圖設備，都要向護理站之私人「借」。

上述兩則故事，讓許文龍感慨既深且多。

此後，許文龍即一直留心醫療的社會問題，在登山活動中，他目睹山區民眾用擔子挑著病人走半天山路，才能求診的實景。有時，他也會在親友聊天或報章談敘中，聽到各式醫療疾苦。他下定決心，要用奇美的理念，辦家像樣的醫院。

奇美的生產事業，以「價廉物美」而擁有市場與國際地位。奇美的醫院，也要以「價廉與醫德」而著名。

雖然，醫院與石化業一點關聯都沒有，但是，許文龍很確信，天下事多有相通之處，企業的經營，只要是以「人性」思量為出發，必可成功。

一九八八年，台南市的逢甲醫院因財務結構大幅赤字，且患者流失嚴重，負債黑洞愈來愈大，四處找人伸援手。依許文龍的原意，自行籌創而建立的醫院軟硬體，可以避開許多無謂的麻煩。但是，他又慮及，逢甲醫院的規模也算不小，若放任其因財務問題而報廢醫療功能，對整體社會而言，也是一件憾事。

因此，許文龍幾經思量之後，乃出面向銀行承擔下所有逢甲醫院的負債額，其金額高達六、七億元之多。「吃下債務」只是止血而已，若想生機可還要吃補。大型醫院的資金，一開口「吃補」，又是二、三億元，這當然也是由許文龍負責。

許文龍為逢甲醫院「出金」之後，接下來「出點子」、「出觀念」。他強調，醫院一定要降價才行。可是，大多數的人一聽，全都一愣，醫院已經在虧錢了，還要降價？許文龍的奇招不止降價，他還主張加薪，因為他發現護理人員的薪水偏低，這是不合理的現象，所以，他主張加薪。如依許文龍這位新董事長的作法，醫院不虧死才怪！

許文龍則很篤定地說，讓醫院虧三年吧！如果醫療費用貴而虧錢，那是虧得很沒面子，很丟臉，反之，如果醫療費用便宜低價而虧錢，那是虧得很光榮，很有面子。醫院的經營有時也像作生意般，經營不善時，是惡性循環，產品（或服務）愈來愈差，且價格愈來愈貴。一旦經營上軌道，則產品（或服務）愈來愈佳，且價格也愈來愈便宜。

許文龍的「降價」、「加薪」之招，原打算連虧三年，沒想到，此招一出，有如易筋經之洗髓神功般，不到兩年，就開始脫胎換骨，出現盈餘。許文龍見到赤字轉藍，立刻又提出「三分法」的指示：醫院的盈餘，分成三份，一份償債，一份更新設備，一份由所有員工同享。

「降價」、「加薪」或許只能譽為商場高招，但是「三分法」中，則是清楚見到「無私心」的一面，賺的錢一毛也未納回私人口袋。而眼高手低是必要的，除了策略上高明，在技術細節上可也不能掉以輕心，許文龍很清楚這一點。醫院先後成立了六個改善小組，針對「外包」、「資料管理」、「業務推廣」、「事務合理」、「利潤中心規畫」、「院區配置規畫」等方向，作深入與實際的檢討與改進。

至此，醫院的整體經營逐漸融入了奇美的理念，不再單是靠資金的挹注，當然，順理成章地也就將「逢甲」易名為「奇美」了。

不以盈利為考量的經營方向

奇美醫院的經營，為了避免奇美的「特權」介入之嫌，又要與奇美關係人（如股東、員工、協力廠商）維繫良好關係，特別開闢了一個「窗口」，抽調奇美實業公司的兩位小姐支援（由奇美實業支薪），專門負責協助奇美員工與廠商赴醫院就醫時，專屬掛號與對口。

此外，許文龍親自要求——董事長看病也要付費。此例一訂，沒有人能享任何特例。許文龍一心想協助醫院經營上軌道，為此，他訂下不少重要原則。

諸如：公私要分明，不可有私人仗勢干涉醫院之行政。帳目要公開，不必隱瞞醫院內財務之運用與分配。採購要透明，不容任何人以黑箱作業中飽私囊。

這些原則，一一實現，少數的反對聲音，在良好的績效與反應之下，成為微不足道的反彈泡沫。

許文龍相信「人才」是一切事業的根本，醫療也是一樣。他派人尋找名醫，並以「保證收入」的方式加以延攬。據了解，有位奇美醫院的名醫在一九九〇年之前，即有「保證月入百萬元」的聘書。

「名醫」之外，掌舵的經營者更是重要。許文龍發現現任的詹啟賢院長是個人才，乃加以挽留，並自副院長擢升院長。事後證明，許文龍的眼光沒錯，詹啟賢上任以來，推動不少相當有創意的構想。詹院長以類似「租賃」的方式，與高級設備的廠商合作，奇美醫院提供醫院的場地與人手，廠商提供核磁共振掃描儀（簡稱ＭＲＩ）的昂貴儀器，雙方合作醫療診斷的業務。這種創新的模式，可以讓醫院省下購買設備的龐大預算，卻又能讓患者享有最新儀器的診斷。

至於廠商方面，能將儀器派上用場，也等同於銷售上市，占有市場實績，雖然，回收較慢，但也還是有利可圖。這是有創意的「雙贏」構想。除了診斷儀器以新穎合作方式創「雙贏」，治療儀器更是用「群策群力」來「多贏」。

當奇美醫院想引進治療結石的碎石機時，詹院長動腦筋，找台南地區的泌尿科醫師合夥，讓外面的醫師投資院內的設備！這更是一記奇招。此招的妙處是，病人結石找上泌尿科診所時，醫師不但自動轉介到奇美醫院，有時還陪同到奇美醫院參與診療操作，對患者而言，不只得到親切的醫療過程，且不必再北上求診。對奇美醫院而言，才剛轉虧為盈，手頭仍緊，卻可購入最新的儀器。對當地的診所醫師而言，奇美醫院是醫務合作對象，不是業務競爭對手。

諸如此類以開放的心胸，追求更佳的合作與診療效率，在詹啟賢手上推動的還有「癌症中心」也是一例。

許文龍不以賺錢為目的，所以，他很明確地告訴詹啟賢：經營方向不必以盈餘為考量，多做一些別人不做的事。

如：加護病房，其風險高（醫療糾紛多）、利潤低，一般醫院多不願投入太多，其病床數比率在各大醫院多是占五％左右，奇美醫院則將之成長到十％。又如「燙傷病房」也是一樣，其空床率高，投資大，國內醫院設置不多，奇美醫院毫不猶豫地大筆投資建立。

此外，精神病院、戒毒中心、以及規畫了慢性病床，全是以「非營利」的角度去思考、去籌設。

許文龍自己訂下的規定，董事長看病也要付費。可是，董事長的至親好友未必知道這一規定，甚至，知道了也未必相信。許文龍為了兩全其美，乾脆將自己每月在奇美企業領的十多萬薪水，全數捐給醫院與基金會，只要有至親好友來就診住院，在費用上「不好處理」的，醫院就直接從他的薪水「扣」好了。

奇美醫院的成功，讓許文龍的論點更多了一項見證：經營任何企業，真的有「相通」的道理！這些道理其實不難懂，如公私要分明，人才要善待，凡事要合理，不合理的就要改。只是，能如許文龍般做到有幾人？

35 奇美實業的「王冠」

如果說，奇美實業是一個「王國」，則奇美基金會無疑是其打造出的「王冠」，戴於頂上，光亮耀眼，而且，最傲人的是，其精緻、高雅的手工，慢雕細琢，一點也不含糊。

這頂王冠，使奇美實業有別於其他財團企業，而許文龍對藝術的鍾情醉心，對文化的獨具品味以及對教育的高瞻遠矚，加上他一生奉行不渝的體認「企業乃追求幸福生活的手段」，促使他早於一九七七年即著手打造王冠，正式成立文化基金會。

隨著奇美實業獲利成長茁壯，文化基金會也很順利運作，逐步擴張推展業務，於一九九〇年設立的藝術資料館（後改為博物館），是這頂金碧輝煌王冠上最閃爍耀目的那顆鑽石。

這顆鑽石被鑲嵌在仁德鄉偏僻的工業區內之奇美實業大樓裡，開館至今，平均每年吸引十餘萬參觀人次，愈來愈多遊覽車開進位於仁德鄉的奇美實業廠區內，一批批阿公阿媽們接受導覽到此一遊，他們守候在門口等候資料館開放的熱鬧景象，在台灣是罕見的奇景。

奇美實業協理林榮俊回憶藝術資料館剛起步時，甚至有遊覽車司機誤把奇美藝術資料館當成一般觀光點，載著滿車遊客開進廠區，明說暗示要公司依陋規，包紅包給他們，叫人覺得好氣又好笑。

奇美博物館名聲遐邇

許文龍一貫的想法是，事業成功不是他最後目的，蓋工廠和買一件骨董藝術品，對他而言，滿足感相差不大，但是，他認為：「奇美蓋再大，一、二百年後大家欣賞的不是大樓而是藝術品，工廠可以模仿，藝術品只有一件。」

奇美文化基金會的運作架構，大體可分為美術館、兵器館、自然史館、樂器館、文物館、奇美醫院及設置各種獎學金。

美術館專門蒐集展覽西洋美術品、樂器、雕塑、古文物等幾大類，不論數量或品質都令人大開眼界。美術品收藏文藝復興前後至十八、十九世紀歐洲油畫、素描、水彩、粉彩等各種媒材畫作，包括法國盧奧、羅佐，義大利基里訶、帕尼尼，英國高奇、格林沙等許多各畫派代表畫家作品，完整地呈現西洋藝術史演變歷程。

許文龍成立博物館即明白揭示以教育為主導之宗旨，他說：「提高台灣水準，只有靠教育大家充實文化。」他很清楚與其買一幅頂級畫家的名畫，不如用這樣的價格多買幾幅同一畫派知名畫家的畫。他更清楚「名氣」與「佳作」之間，是有區別的，花錢要買「佳作」，不要去買「名氣」，「名氣」會過時，「佳作」則歷久而更珍貴。

因而美術館收藏都是世界知名名畫，但價格絕少天價，又能讓參觀者欣賞評析更多名畫，教育意義被凸顯出來，許文龍用經營企業的智慧經營美術館，果然讓奇美美術館迥異於國內其他公、私立藝術收藏機構，也因此，許多參觀者幾乎是帶著「朝聖」的心情至奇美藝術館欣賞這些藝術品。

雕塑品收藏有自十三世紀起的聖像雕刻、石壁浮雕，至十九、二十世紀現代雕塑，材質涵括木雕、石雕、大理石、青銅、陶土，而著名雕塑家作品有法國羅丹的聖皮耶頭像、卡波的那不勒斯男孩、貝魯茲的安琪莉卡、義大利巴卡里亞、安西里歐尼等多人的名作。

古文物以中世紀以前，或較具宗教性、區域文化特色之古代文物為主，展現世界各地區各族群之文化風貌與特質，目前館藏包括中國、埃及、希臘、羅馬、伊斯蘭回教世界等地區之古物。

樂器館是博物館另一個獨樹一格的寶庫，收藏展示演奏用世界名琴及古代樂器，古樂器方面有音樂盒、留聲機、卡小民式風琴、豎琴、吉他、曼陀鈴、魯特琴、古鋼琴、管鐘及各種古代弦樂器。

兵器館的收藏猶如古代武器大觀，蒐集世界各國古代戰爭、比武、狩獵、自衛各種用途之兵器，包括棍棒、斧、錘、戈、戟、刀、刺刀、劍、長矛、盾牌、鐵鍊戰袍、鐵片戰袍、護甲、日本戰袍、弓、箭、十字弓、武士刀、戰手、古槍、大砲等，涵蓋了石器時代、銅器時代、鐵器時代到火砲時代，有系統地展現兵器發展的歷史性及技術性。法國的報紙還曾報導，台灣不只政府向法國購買軍火，連民間企業也向法國購買古兵器。

自然史館有地球、生命、台灣鄉土系列三大主題。礦物、隕石、化石歸類為地球主題區；動物世界、古生物歸類為生命主題區；台灣稀有哺孔類、鳥類、古生物歸類在台灣鄉土系列，說明台灣自然生態演化歷程，兼介紹世界動物如北美洲野生哺乳類及鳥類，以及古代生物，探索地球四十億年的生態演化過程。

自然史館的動物標本製作得栩栩如生，一隻約莫兩人高的阿拉斯加棕熊，曾嚇住不少遊客，據許文龍說，這些標本都是聘請國外標本專家製作。

談到製作標本，許文龍和女兒間曾有一段小插曲：幾年前奇美實業年收益未臻理想，基金會預算連帶受影響，計畫請外國專家製作的動物標本也被波及。女兒得悉後，向許文龍表示願意讓出其繼承之財產，投入基金會運作；女兒的表態令許文龍感到非常欣慰，對下一代的文化教育成功地在她身上印證了。

奇美文化基金會涉足倫敦、法國、紐約各地世界著名拍賣場蒐獵各種藝術品，已經建立聲譽和信用，落槌成交可以欠帳無須付預約金，名聲甚至連叱吒歐洲政壇的英國前首相鐵娘子柴契爾夫人都知道，這是許文龍和奇美基金會最感驕傲的事情。

許文龍喜歡跟朋友說起這個故事：柴契爾夫人有一次詢問當年台灣駐英代表戴瑞明，台灣有一家奇美實業買了許多歐洲藝術品，當時戴瑞明不知所以，直到返國出任總統府發言人，有次隨李登輝總統參觀奇美，才恍然大悟，在台南仁德鄉這個鄉下地方，竟然有一家威名遠播至英國的奇美藝術館。

和大部分收藏家買藝術品一樣，奇美文化基金會也有不少上當吃虧的經驗，經驗累積，加上對藝術品深入鑽研，讓許文龍悟出一個道理：藝術品可遇而不可求，要有心、有功夫、有錢，用做生意的頭腦來買，現在他對所買的藝術品相當有自信；因此，儘管來自世界各地的經紀公司、經紀人所寄來的藝術品資訊如雪片紛飛，他一入手就可分辨可信度、價值性。

許多前往奇美博物館參觀的人，對內部陰暗的光線感到不能適應，及更多不解，其實這是為了保存古畫，許文龍說，這些畫都是一、二百年古畫，光線太強會破壞畫面，為了呵護藝術品，館內濕氣、溫度、光線都依標準控制。

按：奇美文化基金會經由英國拍賣會，購得一幅英國名畫家高奇所繪之油畫，英國海關不准該畫出口，因該畫被認定為國寶級，雙方為此而打官司，英國海關敗訴，英相柴契爾乃知台灣有一「奇美」實業。

36 世界骨董小提琴重鎮

買東西是一門大學問。

台灣人這幾年在世界各地旅遊時，常展現驚人的購買力，可惜的是，買東西的學問似乎不佳，在大陸，台胞還往往被叫做「呆胞」。

不過，近年來，在國際上，奇美文化基金會於這一方面倒有相當突出的表現，尤其是，在世界級珍貴稀有的小提琴收購上，花下的銀子雖已超過美金千萬元，但是，其擁有的國際聲譽和魄力，卻遠遠超過箇中價值。

奇美文化的收藏只是其中的一部分。

館藏豐富，絃音繞樑

但因該基金會還提供一項少有的「小提琴出借辦法」，而使得全世界出名的小提琴家紛紛前來台灣，並拜訪該基金會，以求借得名琴好好玩它幾手，以償心願。

目前，全世界流傳下來的小提琴，也是全世界演奏家公認最好的名琴，都是來自義大利克里莫納（Cremona）小鎮的兩位大師，一位是史特拉底瓦里（Antonio Stradivari，一六四四至一七三七年），另一位是瓜奈里（Joseph Guarneri del Gesu，一六九八至一七四四年）。據說此兩人流傳在世的小提琴，即使是破舊不堪，很難再加以修復的殘品，都有上萬美金的價位。如果是保存良好，可以上場操練演奏的精品，則計價單位是以「百萬美金」為單位。

奇美文化基金會所收藏瓜奈里一七四四年的一把作品，在一九九四年為紐約大都會博物館借出展覽時，其保險估價是美金五百萬元。奇美文化基金會所擁有上述兩位大師的作品則足足有八把之多。另外，其他國際上也是赫赫有名，二、三百年前之大師級作品，共有二十三把之多。這些收藏，如果全都視若寶貝，不輕易示人，則其收藏頂多只是保值或保存的意義而已。

該基金會卻是訂定有明確簡單的出借辦法，只要願意遵守該會的規定，載明演奏時間、地點及期間。即可借得世界級名琴演出。

國內有名的小提琴家，諸如：林昭亮、蘇顯達、蘇正途、胡乃元、簡名彥、辛明峰、林文也、曾耿元、廖家弘、歐逸青、楊文信、紀珍安、梁建楓、曾素芝、李肇修、林肇富、王唯唯、張正傑等人，均曾向奇美文化基金會借過小提琴。

此外，大陸的小提琴家胡錕、俞麗拿，或是國際上著名的Reiller Hochmuth、Gerard Poulet、Lucie Robert等人，分別來自德、法、捷克、美國等地，均向奇美借過世界名琴演奏。這些名琴的出借演出，對演奏者而言，他們常說：這是一件不可思議的美事。

對國內的聽眾而言，當然是一飽耳福的良機。因為，這些國際上出名的小提琴，它們不但是出自名家之手，且二、三百年來多是在大師手上，因此，經年累月的優美音符表達與特殊音質的性格傳遞，往往形成一股該琴專有的魅力與個性。

再加上小提琴這一樂器特有的穿透力，在音樂會上的音效，自是更加感人。小提琴雖只是一個小小的木盒子，配上幾條線，但是，它在耳邊用力拉，也不覺得有壓迫感，而其穿透力也佳，在大禮堂內演奏，遠方也可清楚聽見。

不若其他一般樂器，一旦用力彈奏，很可能出現前幾排很大聲、有壓迫感，但是坐在後面的人則聽不清楚的狀況。

世界級大師如獲知音

一九九六年元月蘇俄有名的小提琴家皮凱森（Viktor Pikaizen）應台灣絃樂團之邀，來台北、高雄等地演出，其間，皮氏因久聞奇美的名琴收藏，而專程抽空前往奇美文化基金會，想「借看」一下。該基金會對於「借出」都不吝惜了，只想「借看」，當然是更不必客氣。

皮凱森在看過及拉過這批國際上有顯赫地位的名琴時，在基金會的簽名簿上，用俄文寫下內心感受：「出自我最內心深處的感謝，這實在是完美的收藏與不可思議的愉快經驗。」皮凱森得過多次國際小提琴大賽的獎牌，在蘇聯解體前，一直任教於莫斯科音樂院，其後，又應土耳其之邀，轉任安卡拉音樂院，其個人演奏足跡遍布蘇聯、西歐、中東、遠東、拉丁美洲等地，著名作曲家哈察都里（Aram Khachataryan）及波里斯・柴可夫斯基（Boris Tchaikovsky）都題獻作品給皮氏，可見其在蘇聯音樂界的牛耳地位。

皮凱森在基金會首次面對這許多的世界名琴時，忍不住含蓄地問道：「我能每一把都試試看嗎？」

該基金會董事長許文龍透過翻譯，告訴對方：「我想這些琴會很高興，能遇上你這位大師！」讓皮凱森震驚不已的是，史氏與瓜氏兩位小提琴製造大師，在每一個不同年代製造出來的琴，都有不同的個性。琴和弓一搭，彷彿是隔世老友突然聚會，有衝動、有感觸、在拉拉扯扯間，抑揚頓挫的音符和樂章讓旁人感動不已。

皮凱森不敢相信他親眼所見，因為每一把琴都有如此鮮明的個性。而奇美的收藏又是如此地完整和驚人。

許文龍董事長笑問：「最喜歡那一把？」

他很肯定地回答：「都喜歡，無法區分。」

皮凱森欣喜不已的每一把琴都嘗試一番之後，他說道：「這裡面有魔鬼。」意味，世界級的珍品，其內都含有難以抗拒的魅力，會讓人深深著迷。

第一把收藏購自林昭亮

不只蘇聯的小提琴大師，面對台灣的小提琴收藏是如此地興奮，捷克國寶級的小提琴大師蘇克（Josef Suk），還帶著他使用多年，也是世界珍品級的小提琴來賣給奇美文化基金會。

奇美文化基金會收藏的第一把小提琴，是購自國內小提琴家林昭亮手中，或許有幾分鼓勵國內小提琴家的意味存在，其價位高達百萬美元，該價位足以讓林昭亮再去追求一把更能表達其樂聲的琴。

借過奇美文化基金會名琴之演奏家，各人反應不同，有的是因此而覺得自己原有的琴愈拉愈不順（其實，也都是美金一、二十萬元以上的好琴），有的則是期限到了，捨不得還，找人出面講情，想再延長借用的時間，有的則轉訴在國外因借用持有奇美的名琴，而受到識貨者的禮遇等等。但不管其反應如何差異，這些演奏家對奇美文化基金會的肯定和推崇全是一致的。

小提琴家紀珍安表示，該基金會的收藏，不但讓她眼界大開，更讓她體會到文化藝術工作的心胸，是可以也應該寬廣的、開敞的。奇美文化基金會對小提琴的收藏，其投下的心血與金錢均相當可觀。據保守估計，至少已投下美金一千萬元以上，而其心力更是難以推算。

藝術品的收買，外行人買不到好東西，以高價蒐購未必招來佳作，往往只是引來一批國際騙徒，千方百計地想要詐使騙。面對這種現象，奇美文化基金會董事長許文龍很玩味地表示，日本人有句諺語謂：「承接技術，有如承接火球，手中無物是接不住的。」許文龍對音樂原本即有很濃的興趣，再加上小提琴更是他從小最喜愛的樂器，因此，當奇美企業開始大賺的同時，他也不忘回饋藝術音樂文化的推動。

培訓藝術人才不遺餘力

他不只蒐集名琴加以出借，還提供獎學金，作為藝術人才的培訓。

他常說，人世間沒有什麼絕對的事，再大的企業，頂多一、兩百年之後，也是會沒落，只有藝術是唯一比較接近絕對的事。

據了解，他這份「藝術心」連李登輝前總統都很好奇，而主動加以結識，同時，在參觀過他的小提琴收藏之後，也是讚不絕口，對民間力量投入藝術文化的推動熱忱敬佩不已。許文龍是國際上出名的企業家，他的處事作風，即使在藝術品的收藏上，往往也會有企業經營的風味在內。

在小提琴的收藏方面，由原本一無所有，到如今在國際樂壇上令人側目的地位，其花費的時間不到十年，這份成就許文龍認為「情報」的蒐集很重要。

他不怕買錯了，或是買貴了，他常講的名言是：「跌倒了，不要白白站起來，找找看有什麼可以撿的再站起來。」當然，在「嘗試錯誤」之前，他必是已盡全力去了解、去接觸，去尋求各種可以多加一窺「小提琴世界」全貌的方法。

許文龍表示，當時為了研究和了解各名家，而投下的心力與用功的程度，比當年在創業還有過之而無不及。

經過一番摸索與人才的培養，慢慢才了解到，小提琴的世界其實很小，全球知名的寶貴好琴，只要一轉手，立刻在全球的圈內傳開，而且國際著名的鑑定師也是不多，有時，同一把琴向兩位不同的琴商或鑑定師個別諮詢，就立刻可以「綜合」出不少真相。有些小提琴大師，當他們想告老退休時，會想把手上的寶琴讓出，以取得一筆可觀的養老費用，這類消息一傳出，全球有心買好琴的人士，自然會想辦法或透過管道去洽購。

但是，大師級的人物，有大師級的個性，他們不是完全只看「價位」。有時，他們更關心的是下一位主人的音樂素養和品味。奇美文化基金會這些年在國際上展現的購買品味與能力，目前已到了有名琴讓售時，不必再去求購，而是會有人找上門來讓售。

據了解，台灣的氣候其實並不適合長久保存小提琴，曾有大師即因潮濕因素而不願其小提琴入境台灣。為了克服這一障礙，奇美文化基金會還花了不少錢，打造了一座耐火、耐潮、耐震的保險箱加以保存這批世界級的寶物。

最後，奇美文化基金會中，專門負責小提琴部分的工作人員許富吉充滿自信地強調，世界上真正的好琴，每把都有兩、三百年的歷史，其售價都已高到演奏家無力承購的地步，因此，奇美文化基金會收藏名琴，供無力承購的演奏家借用，不僅在台灣是創舉，在國際上也已赫赫有名，這對台灣的音樂發展必有其影響與貢獻。

奇美文化基金會典藏名琴一覽表

	製作者	製作年代	國家	琴的別名
大提琴	Antonio Stradivari	1730	義大利	The Pawle
大提琴	Joannes Gagliano	1820	義大利	
中提琴	J. B. Guadagnini	1785	義大利	
小提琴	Jacob Stainer	1656	德國	
小提琴	Nicolo Amati	1656	義大利	
小提琴	Joseph Guarneri son of Andrea	1705	義大利	
小提琴	Antonio Stradivari	1707	義大利	Dushkin
小提琴	Antonio Stradivari	1709	義大利	Viotti-Marie Hall
小提琴	Antonio Stradivari	1722	義大利	Joachim Elman-Suk
小提琴	Joseph Guarneri del Gesu	1733	義大利	Lafont
小提琴	Joseph Guarneri del Gesu	1744	義大利	Ole Bull
小提琴	Januarius Gagliano	1750	義大利	
小提琴	G. B. Gabbrelli	1770	義大利	
小提琴	Johannes Cuypers	1810	荷蘭	
小提琴	J. B. Vuillaume	1826	法國	
小提琴	Eugenio Degani	1897	義大利	
小提琴	Leandro Bisiach	1919	義大利	

・第十部・

轉戰電子新貴

37 以人為本的觀念不變

進入二十一世紀，許文龍以即將邁入八十歲的高齡，卻並沒讓自己的企業王國轉趨保守。

他雖然沒如三國演義諸葛孔明那般，一邊羽扇綸巾，一邊談笑用兵，但是，他那南台灣舊仕紳特有的沉穩內斂與幽默風格，在新的一個世紀來臨時，表面上看來，依舊是不急不徐，但是，多年商場練就的內力與真功夫，可是蓄勢已足，一觸即發。

光電產業的全球角逐，即將上場。

在此之前，奇美的石化，已經在國際展現實力，稱霸一方，而今，邁入二十一世紀，奇美光電也將開始，向世界嶄露頭角。石化，光電，兩種截然不同的產業，奇美都有全球性的競爭力，都在搶佔該產業的世界佔有率。

這是許文龍幾十年來，商場智慧的累積及所有員工打拚出來的實力。

人是公司的根本

奇美王國在許文龍的領導之下，從「壓克力」的研發生產，到半路看好投入的「化妝板」，以及引進外資的保利化學（後與奇美合併），可以看出，在「公司結構」和「產品轉戰」的能力上，才是真正戰略精髓的所在！

公司，依照公司法，可以轉投資子公司，也可以與母公司切割，更可以合併子公司；公司結構隨著主客觀情勢變遷需求，隨時可以千變萬化，公司結構一變化，資本結構必然就跟著變化，資本結構一變化，人事結構也就隨著起變化。人事和資本都起了變化，公司的體質必然跟著變。

有的經過變化之後，變強變大，有的經過變化之後，變空變窮。這是自由經濟與公司法人，在市場上的基本功。

練得好或練不好，決定賺不賺錢，甚至是合不合法？練得好，是合法併購，是合法改組，是整頓成功；練不好，是掏空，是背信，是犯罪！

人是公司的根本，要帶動士氣，要領導眾人，人事組織和結構一定要正確。易言之，公司結構與資本組合，必先穩定扎實。

當年，奇美順利成功的合併保利化學，為奇美日後的壯大，埋下重要的伏筆，企業規模與企業經營，有其關聯性，規模大未必是好，但是，規模不夠大，肯定無法產生經濟效益。大型企業面對重大結構性的調整或併購，一個不小心，就是一場企業大災難，反之，如果成功，則是遠見與佈局的功力展現。

在光電產業的佈局上，奇美多次運用併購與轉投資，或併購日本IBM的TFT-LCD部門，與其合組IDTech，或是賣出子公司分割出的新事業體，或是轉投資奇晶光電，或是合資成立奇達光電，每每都有奇效。

決定勝負的關鍵

產品和市場，依照自由經濟的原則，產品，有的可以自己研發，有的可以花錢買技術，有的可以向外發包，方式不一，效果完全不同；市場不也如此，或是自己找據點，慢慢打通路，或是完全交給大盤經銷，或是走直銷，還有的乾脆交給第四台，不然就是架網自己一個人搞。

從公司結構，到產品產出，以及市場定位，處處都是無形的「經營技術」，或可稱為「經營智慧」，在決定輸贏。

超越常人的眼光

當年，奇美的轉投資公司保利化學，要和日本三菱合作時，日本三菱要求收取技術代價（know-how fee），奇美堅持不給，理由就是：我們也有投入經營技術的know-how在內！奇美引經據典指出，日本松下和飛利浦合作時，松下幸之助也是不給飛利浦技術代價，甚至，還向飛利浦強調：經營技術比生產技術重要。

若將商場比為戰場，生產技術是「戰技」而已。真正決定戰爭輸贏的是「戰略」。經營技術是戰略的「總體經營」。

奇美曾經轉戰化妝板產品，當年，要投入化妝板時，股東幾乎都不看好，一片反對聲浪。但是，許文龍看到了產品的戰略價值所在。「化妝板」是「木板」和「精美紙張」以及「化學上膜」（不飽和聚酯樹脂）的結合產品。

這樣的產品，並不是木材行原來的領域，對木材行而言，一樣是一個新的外行領域，但是，對已經有化學基礎的奇美來講，則是一個低門檻的技術領域，此外，就成本而言，木材的成本差異不大，木材行的木材利潤有限，真正的利潤來自「化學加工」。

因此，許文龍信心滿滿，他很有把握可以切入該領域，並且可以做得比木材行還賺錢。事後，果然證實了他的戰略思考之正確性。「化妝板」的賺錢程度，一度被以「賺錢比印鈔票還快」來形容。

「化妝板」是許文龍看到了「產品」的總體經營價值。他從產品的「組合技術」以及「成本分析」得到奇美可以投入並賺錢的預測，他利用的是，本來就有的「公司平台」去延伸「新的產品」。

成立「保利化學」時，則是利用新的公司結構去推動，同時引進外資（日本三菱），借重三菱的生產技術，結合自有的經營技術，來培養保利化學，當保利化學成長到一定的程度時，再推動「合併」，將保利化學併入奇美。

不一樣的產品，不同的公司型態，不同的策略。這似乎是許文龍最擅長的事：不同的商戰，不同的思考和佈局。

38 投入光電產業

一九九七年，奇美決定投入光電產業，將投資生產TFT-LCD，這又是一個完全不同的經營技術領域。這是一家「從零出發」的電子新貴，從技術到產品，從廠房到市場，一切都是從零出發！光電產業，講求的是「速度」和「科技」。這兩點，奇美很有信心。

當年，他們趕工建過ABS廠，為了趕工，曾在工地設有服務小姐，幫忙工人送冷飲，點香菸，每天發放現金，工寮裝冷氣，裝電視，早在民國七〇年代，就有過這種戰鬥精神，因此，「速度」對奇美而言，不是問題，他們追求過，也贏過勝利！

至於「科技」，其實，也就是研發，而這更是奇美的一貫精神，不花錢買技術，寧可自行研發，將技術掌握在自己手上。

從容面對新戰局

奇美決定投入電子新貴的行列，對許文龍而言，年齡與歲月，顯然並未對他構成任何壓力，他早習於悠游的步調中，部署著他熟練的商場戰局，迎舞向二十一世紀電子科技帶來的全新挑戰，帶著春風的心情，看著研發技術不斷的突破，捧著天文數字般鉅額的資金，踏著謹慎的步伐，在全球性的產業中，殺出一片新的疆域——面板產業。

看看奇美電子的大事記，就可窺知一二。

一九九七年才決定投入光電產業，第二年一九九八年，奇美就成立了台灣首家自建的彩色濾光片廠。

一九九九年，就完成一廠的興建，同時，台灣第一片自有技術之十四點一吋大尺寸TFT-LCD面板順利產出。

從決定投入光電產業，短短三年時間，二〇〇〇年，面板單月出貨總量即達到十五萬片，大尺寸TFT-LCD出貨量更為全國之冠。

同一年，再率先投入液晶電視面板之研發工作。

二〇〇一年，二廠也開始量產，同時，利用公司併購，併購日本ＩＢＭ的TFT-LCD部門，雙方合組成IDTech公司，此一新公司成立不久，即推出當時全球最高解析度的TFT-LCD，達九二二〇畫素。此外，奇美並自行研發成功二十點一吋超高解析度廣視角顯示器，及最高色飽和度之液晶顯示器等等，多項高科技產品。

二〇〇二年，一向標榜奇美股票不上市的許文龍，深知科技產業的特性，員工分紅及認股，是電子新貴這個科技領域的基本遊戲規則，奇美電子正式公開在台上市。

二〇〇三年，這一年，是奇美電子開始發威的一年，不但是台灣第一家成功量產三十吋LCD TV的面板業者。更是全球最大的五代廠（奇美電子三廠），也開始量產。此外，四十七吋LCD TV面板也同年成功開發。四廠也開始興建，到了第四季，奇美電子躍居全球大尺寸（二十吋以上）液晶電視面板第二大供應商。同時，這一年的股票市場中，也開始肯定奇美電子，最高市值曾達一千四百三十多億元。

二〇〇四年，奇美電子由「巨木」走向「森林」，奇美關係企業——聯奇開發公司，與台南縣政府簽定「南科液晶電視及產業支持工業區」合作計畫，將打造全球第一座液晶電視專區。讓南台灣的光電產業，產生明顯的群聚效應。這一年，奇美電子股票，最高市值曾達二千五百六十多億元。

二〇〇五年，成功開發全球最高解析度之五十六吋液晶電視面板，同時，四廠（五・五代廠）正式量產，並開始投資大陸寧波設置後段模組廠，以增加競爭力。此外，奇美CMV九四六系列十九吋寬螢幕，榮獲素有設計界奧斯卡獎之稱的德國iF獎以及CMV X四五系列十九吋螢幕，榮獲日本Good Design Award 獎（世界三大工業設計獎之一）。這一年，奇美電子股票市值，最高曾達二千四百七十多億元。

二〇〇六年與台達電子公司合資成立奇達光電，發展無汞平面背光模組。並發表全球首創最新規格的二十二吋寬螢幕液晶監視器面板。五十六吋液晶電視面板獲經濟部第十四屆「台灣精品金質獎」。以及三款十九吋寬螢幕產品設計，獲德國reddot獎（與iF獎齊名）。同年，投審會通過投資大陸佛山的後段液晶模組廠（南海奇美電子），這一年，奇美電子的股票市值，最高曾達二千六百七十多億元。

上述的大事記可以看出，奇美電子在光電產業的全球地位，一天比一天茁壯，一年比一年強盛。

未來，奇美的「石化產業」與「光電產業」，在台灣的產業史上，必有其舉足輕重之影響力與歷史地位。

許文龍自認為，他當董事長，最擅長的事是：「起鼓（台語）。」意即，他很能鼓舞士氣，帶動朝氣。有位退休的部長級官員曾云：當主管，說簡單，也很簡單，說難，也很難，但是，最重要的是：要能帶出士氣，要讓整個團體有朝氣。

「觀念」，則是許文龍自詡他所以經商成功的關鍵。

許文龍白手起家，打造出如此亮麗的世界級企業王國，想必運用的就是，他能帶動公司上下迎向「有朝氣的觀念」。

【附錄】

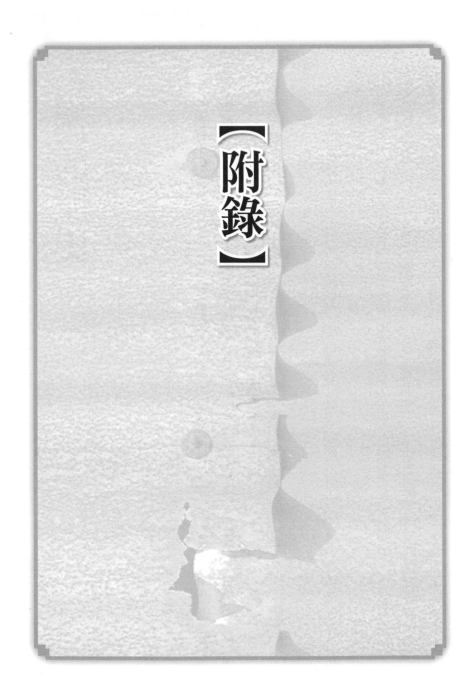

台灣的歷史

許文龍

作者按：歷史，往往是統治者玩弄的工具，統治者以獨占的手法，向所有被統治者不斷地宣導；過去歷史上的成敗是非，有利於統治者的事件，即被附上英勇可貴的色彩，反之，則以民族感情或主觀正義加以貶斥或責難。

同一暴動事件，在中共的歷史教科書中，以「農民起義」來歌頌，在台灣的教科書，則是以「造反」來形容。

不同的意識型態，對同一歷史事件，竟可以貼上截然不同的標籤，這是現實政治對歷史的荒謬投射。

因此，人們應該培養自己獨立的思考能力，用自己的眼光去看歷史，去解釋歷史，正如愛默森所云：「一個人應審判時代。」而不是一味地聽從統治者的聲音去尋求歷史的方向，若無法作到如此，則生命的尊嚴，將被化成戶政統計上的數字而已，毫無生命意義可言。

許文龍董事長因為要演講「奇美的歷史」，卻講出一篇「台灣的歷史」，這篇歷史對過去國民黨所解釋的角度，有一百八十度地調整。

據說，有些人對此一調整很不能接受，甚至，以責怪的語氣質疑。

其實，以學術的眼光來看，許董事長的詮釋是嚴謹的，而且其胸襟、眼光和格局，在歷史領悟上和企業規模成就上，呈現出其關聯性，這才是值得了解與學習的重點，至於歷史解釋的角度，本是個人的自由，同意或不同意，只要有根據，有人聽、有人信，每個人都能發表。

日本，在地理上和歷史上，都和台灣有著糾纏不清的情結，敵視她或拉攏她之前，應是冷靜、客觀的觀察和分析，才能從於己有利的角度去出發。

許文龍先生這篇「台灣的歷史」，是對昔日被政治權力主觀塑成歷史盲點的新突破，這一突破是想了解或吸收許文龍之智慧者，應有所了解的，故特取得許董事長之同意，收錄於本書。

序言

一九九三年二至八月間，我以「奇美的歷史與我」為題，對公司從業員發表十二次演講，每次二小時。本文是其中一次演講稿。

第二次大戰之後，台灣的年輕一代接受的是徹底的反日教育，以及過分的鄭成功英雄論。我在這一次演講談台灣的歷史，目的無非要糾正這種扭曲歷史的事實，使台灣將來聯繫的年輕一代具有正確的史觀。但願讀者各位能夠了解我的真正用意。

在談日本人統治台灣以前的事情之前，先回顧一下台灣的歷史。

台灣的歷史可分為：荷蘭人時代，鄭成功時代，清朝時代，日本統治時代，國民黨政府時代，五個階段。

歷史上的記述，可能由於所看角度之不同，產生相異見解。我們過去所學的歷史，都是以站在權力者之立場所看的歷史，寫此歷史者即是權力者。一般來講，歷史只在強調國家、民族的事情，而甚少涉及有關人民的事。在此情形下，即使國家版圖再大，民族再強盛，人民的生活不一定會幸福，往往一個國家國土的擴張，都是經由戰爭，人民流血所得來的，但是歷史從不談到戰爭的慘禍。莊子曾說：「國家不必大。」所謂民族這句話，往往會被權力者利用為獨裁專制之道具。例如「為民族救國家」式的口號，就我個人的看法，是一種自欺欺人的手法。

例如董事長在會議席上對同僚呼籲：「大家來為公司拚命工作吧！」唯這句話的真正涵義，必須有一前提，即公司發展，從業員的所得也要隨著增加。

一般來說，我們所悉知的強盛國家的歷史，也不涉及當時人民的生活情況。舉一個例子，被崇拜為民族英雄的南宋岳飛，他是主戰派者，而秦檜是漢奸，向皇帝進讒言，說岳飛要造反，使他被處斬罪。

然而根據客觀史料，南宋時代的經濟正瀕臨破產，其情況根本無力負擔戰爭。因此，即使以美女或寶物納貢，甚至割讓土地，求和方為上策。當時的人民渴望和平而嫌戰，因此強調忠君愛國的主戰派如岳飛，其主張不一定是對的。我個人對「忠」這個字眼並不關心。推究起來，到底該向誰盡忠？連對自己都不能忠的人，沒有理由能忠於家庭，進而忠於國家。

一般的人，最重要的還是為自己，依次才為家人和周圍的人，但是差不多所有的書籍，卻都在歌頌國家至上、民族至上。

幸好，台灣現今已進入李登輝總統時代，才能發表如此見解。這種思想，要是在過去的話，會成為問題，而被扣上思想犯的莫須有罪名。事實上，在台灣，現在有許多嘴裡喊著愛台灣，口袋中卻藏有綠卡（美國的永久居留證）的人。他們準備在一旦有事時，逃往美國。

從這觀點看歷史，我認為荷蘭人之統治台灣，可以說有不少功績。雖然是異族，為了賺取台灣人的錢，也得在台灣進行若干建設與制度的確立。人儘管賺取再多金錢，要是個人的生命不得保障，則其既得會歸為烏有。在二、三年前，台灣治安呈現惡化狀態時，就有一部分有錢人，考慮要移居國外。荷蘭人統治時代，老百姓在良好治安下生活，又有可遵循的制度，因此，可以說，在台灣開始施行有系統統治者，實為荷蘭人。台灣的水牛是荷蘭人引進來的，其他如農具、甘薯苗種等，也都由荷蘭人從外地引進台灣。台灣的製糖業，經由荷蘭人的改進，而粗具近代產業雛形。當時台灣的原住民使用數十種語言，荷蘭人把這些語言統一。荷蘭人來台，最初接觸的是新港社的平埔族，就採用新港語為共同語，而與政府之間的契約，使用的是新港語。這些資料，至今尚展列在延平郡王祠的民俗文物館中。荷蘭人如此重視台灣的治安問題，也建立了新制度、新技術。

荷蘭人為了要建設，也課各種稅。當時台灣是貿易中繼站，對各種船隻課關稅。

據說，當時在台灣的日本人，主張優先權而反對此種課稅，紛爭不斷。鄭成功之父鄭芝龍，和他的首領顏思齊等人，寧願接受課稅，算是採取了與荷蘭人共存的態度。荷蘭人在台灣經營三角貿易，即將台灣的產物輸出日本，再將日本的物產經由台灣販賣到大陸，荷蘭人從未輸出台灣產物至其本國。

在荷蘭人統治期間，台灣人始得過有制度的和平日子，不必再像以前一樣，在土匪的掠奪威脅，和新權力者的侵略下生活。對荷蘭人為台灣留下如此貢獻，未見書籍提起過。

繼荷蘭人之後，來的是鄭成功時代。鄭成功雖廣被推崇為民族英雄，但其境遇如何呢？天下出版社出版的《發現台灣》一書，把他視為驅逐異族，立志「反清復明」，忠孝兼備的典型人物。鄭成功來台的目的，和國民黨相同，要「光復大陸」。人民的幸福以及生活水準的提高等，對他來講是其次的事。我們在求學時代，經常被迫喊「反攻大陸，以三民主義統一中國」的口號。身為台灣人的我們，真不太清楚，有何理由去取回大陸。當然，台灣人亦屬中華民族，這是不可否認的事，但是已經長期居住台灣。如果在新加坡，對當地人說「我們同是中國人」，必定會被對方糾正說，他們是新加坡人。同樣道理，在美國問從英國來的移民者，他是不是英國人，其回答必定為「不是英國人，而是美國人」。要我在這裡對鄭成功時代，和荷蘭人統治作比較評論，我的學識不足，有更加深研究的必要。

當時鄭成功帶領二萬五千人來占領台灣。他的最後目的是「復明」，而不是要好好經營台灣。對原住民來講，鄭成功無非是持武器的侵略者，他們強奪原住民的土地，趕走他們，這是不難推測的。這種行為酷似國民黨政府來台灣接收時的情況。從不同的角度來看，歷史會呈現相異的記載。在學校裡，我們硬被教說鄭成功是民族英雄，但其真相如何?不無疑問。根據連雅堂所著的《台灣通史》，經營台灣的是陳永華，而我所讀過的資料也顯示，他是一位頗有經營手腕，對人民能善加保護，也做過少許基礎建設。他被祭祀在孔子廟對面小巷的廟裡。

最近有書籍，將清朝時代的劉銘傳，譽為台灣近代化之父。他的施政目標，是使台灣成為全中國的模範省。他有新的思想，在台灣建設全中國第一條鐵路。因此他是一種例外。清朝時代統治僅及於點而不到面，只顧固守城廓，而不理大眾事。據家母說，在日本統治前的清朝時代，如果遇到饑饉，農民即成為流寇土匪，成群到城內搶劫，因此到了夜間必須關閉城門。到如今，在廟會時，還有「宋江陣」沿街遊行。當時的「宋江陣」實際是各部落的自衛隊，而廟宇自然成為指揮中心，以補全政府不足的防衛力。當時人民的安全毫無保障，各種基礎建設如道路、港灣、衛生等的設施，一概付闕。

中日甲午之戰，清朝將台灣割讓給日本，締結講和條約。日軍一登陸台灣，清朝官吏如劉永福和丘逢甲等人，便不顧人民之死活，率先逃回大陸。

如此心態的官吏，沒有理由能經營好台灣。

台灣在日本登陸後才近代化，並且開始與世界各國並駕齊驅。當然，日本人之經營台灣，並非只為謀台灣人之幸福，也並非全然無目的的使其近代化。其第一目的乃為本身利益，第二目的是確立國際形象。當時荷蘭、英國、法國、德國、美國諸列強都擁有殖民地。日本之經營台灣，著眼點不僅在經濟上的利益，還要使台灣成為將來的南進基地，更蓄意顯示其最初的殖民能力，因此派第一流人才來台灣。

現在回顧一下，台灣在大戰後被中國接收時的情況。派來台灣的六十二軍，士兵撐著雨傘，挑著掛有鍋鼎的扁擔，著草履，無精打采地遊行街頭。此景觀與我們想像中的軍隊，其形象完全不相同。有如此幾近土匪外貌的軍隊，一臨飢餓，一定會變為土匪，這是不會錯的事情。

辜振甫的父親辜顯榮，由於嚮導日軍入台北城，被非議為漢奸，但我個人不作如此想法。照當時的情形看，如果日軍不早一刻進駐台北，人民必定會遭受更悲慘的命運。清朝派來的雇傭兵，其本質可說是土匪。外地人來到新地，不會沒有理由亂殺原地人的。唯有內部人的強盜行為才更可怕。辜氏察知此危機後，便緊急促成日軍入城。對當時的台北市民來講，辜氏應該說是一位功勞者。當然他之所以如此做，也並非完全為台北治安著想，也許還期待於事後要獲得些許特別權益。

至於日本人，在台灣做了哪些事？首先，抵抗日本接收台灣的人並不是劉永福，更不是丘逢甲，而實在是一群無名英雄的台灣人。由於日本軍以壓倒性力量，無流血登陸台灣後，在毫無受阻情形下，順利進入台北，便認為在一週內可以把台灣接收完畢。但事與願違，卻遭遇到台灣人的頑強抵抗。在我讀過由日本人所寫的《台灣研究》裡，也有如下一段文章：「日本人對在不帶武器的惡劣條件下，猶能和日軍激戰而作長期抵抗的台灣人，感到很驚訝。」我們的祖先是如此地勇敢。被派遣到台灣的近衛師團長——北白川宮能久親王是皇族，據說在佳里附近被暗殺。可見台灣人的抵抗是如何地激烈。自登陸到平定全島，整整費了數年的歲月。日本在統治初期，亦採強硬手段，對人民雖不加濫殺，唯殺所有抵抗者。

日本派在台灣的總督，自第一任至第七任為軍人，其後才為文官，而在太平洋戰爭時，從第十七任起，又回到武官總督。

中華民國來接收台灣時，也是軍人的陳儀任長官，其後，除了魏道明以外，長期由軍人任台灣省主席。

我對軍人沒好印象。因為軍人必須以盡忠為本分，而毫不考慮世論或其他意見，被要求絕對服從長官，上戰場做任何事。因此軍人不宜執政。在中國歷史中，原則上不讓軍人參政。例如，在岳飛時代，駐屯於邊疆的軍隊和將軍的力量壯大時，皇帝便會對其感到隨時會舉兵造反的威脅，而不停地考慮對策。岳飛到底被誰所殺，至今未明，但據日本人歷史研究家的研究，他是被當時皇帝所殺。再者，皇帝若有此意，秦檜也會為迎合皇帝，帶給岳飛無實之罪。如此一來，皇帝永遠得以仁慈明君自居，權力者能夠永保其偉大存在。照如此說法，秦檜便不像是被歷史斷罪的惡人，殺死岳飛者，其實也許是皇帝。

在第四任兒玉總督時代，後藤新平就任民政長官。他是一位醫生，在日本也被視為第一流人才，是具有現代頭腦的德國留學博士。最初他徹底調查台灣，諸如土地（地籍調查）、人口、資源等的詳盡調查資料，其完整度，使戰後來台灣接收的國民黨政府驚嘆不已。

後藤新平根據這些資料，訂定了開發計畫。由於政府的財政困難，便鼓勵三菱、三井等大財團來台灣投資，並設立台灣銀行，提供資金。他的這種措施，可以說是由於感到政府能力有限，而委託商人經營台灣。這恰如現今的台灣，也將重要建設工程讓民間公司參加一樣的思考方式。當時的台灣，要算三井最有勢力。而在製糖事業方面，也引導民間的資金和技術，並大量而長期的投資在像交通等基礎建設。他的作法使日本政府有一點感到吃不消。他所著手的台灣產業的近代化事業當中，至今尚存在著的，有農業試驗所、水產試驗所、林業試驗所等。

當時台灣人的處境非常可憐，平均壽命還不到三十歲，流行著瘧疾、傷寒、霍亂等傳染病。日本的台灣派遣軍中，病死者比戰死者高達數倍。因此，後藤新平便徹底地改善台灣的衛生環境和醫療。對鴉片則採取漸禁政策，把得自鴉片專賣制度的收益，充當為台灣衛生事業設施的經費。昭和早期人口不到十萬的台南，便有了台南病院、傳染病病院、肺病病院、精神病院、癩病病院等設施。這些都在國民所得偏低，國家稅收短少的環境下所辦到的。再者，現今的台南市政府、中山公園、游泳池，或已經被拆毀的博物館和歷史館、圖書館等，都是在戰前建設的。因此，在日本統治台灣的五十年間，可說除了戰爭末期的幾年之外，其餘四十多年，台灣已從衛生、治安惡劣的清朝時代，轉變為所謂「夜不閉戶」的治安良好的社會。這對人民來講，實在是一件非常重大的事。如果說我們一出門，就會有被加害的危險，那麼即使有萬貫錢財，也算不得很幸福，這等於沒有安全保障。目前我們尚未喪失安全，因此還不會感到其可貴。假如我們居住在以色列，而不能預測何時會遭受到阿拉伯人的攻擊時，必定會切實的感受安全保障的重要性。從經常發生掠奪的社會，一變而成為無小偷、土匪、夜不閉戶的良好環境，這確實是一件大事。

當時民眾如果害了病，除求神祈佛外，只得看漢醫，別無他途。家母也經常迎接佛像來家裡膜拜，她可能認為神佛最可靠。日本人在台灣建立病院，施行近代化教育。我的記憶裡，在流行病流行的季節裡，他們還為民眾施打預防針，且每年有一、兩次給兒童飲用蛔蟲驅除藥。要知道，即使日本人不做這些事，也不會有人提出異議。例如：馬來西亞、印尼的道路或基礎建設，可說是很完美的，但那只為住在殖民地的英國人或荷蘭人的享受。當時台灣的衛生方面設施，其水準之高可比擬這些國家。不可否認的，日本人是為了自己的利益，同時也為了誇示給世人看，才對台灣統治盡瘁，做了種種值得稱讚的工作。

一般說來，政府的各項投資中，最不合算的是衛生、醫療和教育等。因為這些投資要費二、三十年的時間始能見效。老實說，我個人如果不接受日本教育，很可能不會有今日般的知識。懂得日語，方能閱讀日本人所著的書，更能於各位在讀「中國近代史」時，藉閱讀外國人所寫的日譯「中國近代史」，使我能更客觀的理解我們的境遇。日本人很重視義務教育，據我所知，他們利用夜間開補習所，教育那些不能到學校的文盲。在列強的殖民行政中，最徹底實施教育的，很可能是日本人。

英國人和西班牙人，就不像日本人，在殖民地普及教育，作長期投資。我認為日本人做了很有良心的工作。

拿衛生醫療來說，在英國人住區設有完善的上下水道，也有良好衛生設備，但一離開此地區，便有很大的差別。這可能是因為不把原住民當做人，不去關心其死活的緣故。日本人在台灣的施政是全面的，連在深山邊鄙地，也設立了衛生所。

此外，日本人對農作物的改良及水利方面，也有很大貢獻。一位叫做磯永吉的農學博士，費了十年時間改良「在來米」，開發出「蓬萊米」。我常常提到的嘉南平原，本來大都是「看天田」，下了雨能耕種，只有河邊的一部分土地，才不必依賴下雨。日本人設計並建造了烏山頭水庫。當時並無近代化的建設機械，全靠人力，是一件大工程。負責此工程的八田與一，是一位年輕土木工程師。他在興建烏山頭水庫的同時，也計畫興建現在的曾文水庫。他早已料到五十年後，烏山頭水庫會因淤積，而需要另一水庫。曾文水庫雖在戰後建設，但其計畫是在五十年前完成的。令人關心的是水路，這些貫穿全部農田的灌溉用水路渠水道，其工程要比建設水庫還來的龐大。當時台灣的水泥是由日本輸入，靠人工以鋤頭挖溝，並測量其高度，如此花費了十一年歲月，在全區內完成了如網目一般偉大的嘉南大圳。諸位的教科書裡有否提到此點？戰後的教科書很可能只強調，日本人榨取台灣人，台灣是復歸祖國後始得幸福生活，如此這般地沉醉於自畫的讚美中。

去年六月，我在公司的幹部會議說，將於一年內，在大陸市場建立如當時嘉南大圳的販賣路線，過去奇美和大陸之間的交易，全由大陸中央機構向奇美統一購買，然後配售給各用戶。隨著大陸的經濟自由化，假使各消費者能夠自由購買的話，銷售路線也一定會更自由。所以和水路一樣，即使要花經費和時間，也得完成它。目前公司每年在大陸的販賣量達五十萬噸，但待此路線完成後，將來販賣量達到百萬噸時，同樣可以利用，同時全世界的製品，也能使用此路線流通。

我個人的看法，當時如果無此水路，則無法發揮水庫機能。連建設於後，規模比烏山頭水庫大五倍的曾文水庫，也能利用此水路，而足足有餘。我想，等諸位到祖父輩時，此水路還會存在著，而善盡其機能，諸位如果有機會，可以去看一趟水庫和水路，如此便可以了解，在七十年前，日本人所建設的工程，是如何的偉大。當時，嘉南大圳為亞洲最大的水利灌溉工程。

我們在讀歷史時，必須站在公平而客觀的立場，加以批評。絕不可有如教科書所說的「日本人榨取了台灣人」這樣的單方向思考法。我的孩子在看過國產戰爭電影片《梅花》後，頗為感動而流淚，並對我說，長大之後他絕對不原諒日本人的罪行。如此偏狹的教育，我想是非常可怕的事。我們常引用南京大屠殺來形容日本人行為，但國民黨到底也殺了多少共產黨員？共產黨又到底殺了多少國民黨員？這些都不曾出現在電影上。

由歷史的觀點來說，異族間之互相殺戮並不稀奇，但同一民族間的內亂和互相殘殺，才是不可容忍的事。這種事當然不會被記載在教科書裡。台灣在「二二八事件」

中，有許多人死於冤罪，但是在教科書或教室裡，絕對不提起此事。教育是如何地重要，真教人省思。

當然，我並不是說日本人的一切所作所為都是好的。有人說，奇美之所以有今日之急速成長，是拜中國社會環境之賜，但是我不作如此想法。日本人統治台灣期間，官方的工事，全由日本人公司一手包辦，台灣人並沒有承包其工程的資格。今日的台灣國內環境也酷似當時的情形。政府的工程，全由榮工處一手承包，和國民黨有特殊關係的人，才能取得水泥製造業許可證。到現在台灣的水泥仍為寡占事業，幾家同業聯合起來，便可以哄高國內水泥價。關於食用小麥，也訂有大宗物資輸入辦法，用以保護既得權益者的利益。

上海幫到台灣，投資於紡織業、麵粉業。為了確保既得權益，向政府關說，將紡織業規定為許可制，原棉進口也訂有額度，以限制設立，即保護了在紡織業、麵粉業有既得權益的「上海幫」。奇美自創立至今，從未靠政治力量，因此決定不做上述事業。如果和中國國民黨有良好人際關係就比較容易做事，可惜因為我不是國民黨的中央委員，沒有那種力量。

日本人統治台灣時，台灣人可以從國外輸入原料，加工後將其輸出。如今回想起來，在戰時物資缺乏的一九四〇年代，日本人的處境比台灣人更可憐。台灣人有辦法從鄉下或地下市場獲得所需物資，但富有守法精神的日本人，卻不敢買這些東西，甘願忍著飢餓。日本人有權也有錢，但不能買到東西時，有多數農民的台灣人，得以黑市價格買到物資。所以，在物資缺乏時代，日本人對台灣人的政策，可說是相當公平的，從未有只讓台灣人餓著的事情發生。現今台灣以特權階級為對象的榮民總醫院，也到最近才對外開放。在這以前要在榮總接受治療，可說是一件難事。它終究是一所為特權階級所設立的醫院，政府每年編有鉅額預算，給予財政上的補助。日本統治台灣時，台南醫院對台灣人、日本人採一視同仁的態度，只要有病，誰都能在此接受治療。

有人也許會說，奇美之所以有今日，是因為遇到了好時代的緣故，但是奇美絕沒有享受過特權。另外舉一個例子，台南有一家謝水龍所經營的金龍記商店，戰前販賣足袋（日式膠底黑布鞋），後來設廠生產壓克力板，與奇美展開激烈競爭，局外人將其稱為「雙龍相鬥」。他的足袋生意，採徹底地拚價，一位日本人的同業受其影響，發生資金周轉困難而自殺。這是一個當時和現在一樣，已經存在著自由競爭的明證。

大戰結束前，台灣的平均國民所得約為九十美元，而日本國是一百美元，中國大陸恐怕連三十美元也不及。

經過日本的統治，台灣的國民所得增加了，如果說當時的台灣，還繼續被清朝統治的話，到如今不知會變成如何？採取中央集權的中國政府，對統治邊鄙地的政策，充其量也只不過派三流人才來台，且課徵重稅。台灣人的幸福生活等，對他們來講，並不是重要的事。被派遣來台的官吏最關心的事，是承包方式，能有多少稅收，而置人民的生活狀況於不顧。因此我想，如果不是日本取代清朝，台灣人的生活會更加的惡劣。

我不是只述說日本的好事，日本人也有問題。在中日戰爭期間，為了怕異民族台灣人的叛亂，強制皇民化，鼓勵台灣人改日本式姓名、用日語、穿和服、參拜神社、禁止廟宇的乩童。

日本在領台期間，對台灣的舊習慣、文化，採取保存政策。相反地，戰後，中國政府把日本人留下來的文物加以破壞，我想這是一種偏狹的行為。不管國家或朝代之別，文物是歷史的證據，應該善加保存。諸位已經無法看到日本人最早所建的一些建築物，相反地，我們的廟宇卻還存留著。到了戰爭末期，日本人也不破壞廟寺，只禁止如乩童般的迷信行為。站在一般人的立場來說，我想對日本人的統治，應該做公平的評價。

今天本來要談的是「奇美的歷史」，卻偏離主題，談到「台灣的歷史」。我們該知道，台灣的基礎，可說大都在日本統治時代奠定的，如今我們才在其上面追加建設。

我們應該對當時的日本人感謝，並且以公平的態度去認識他們。現在我們要回復「二二八受難者的名譽」，同樣我們應該改過來，不要把日本統治時代的施政一概否定，而應給予正確評價。同時，趁此機會，統治者也應該回顧並反省，過去如何對待統治同為中國人的台灣人，並給予公平的評價。

到了李登輝總統時代，台灣人民才比較有發表言論的自由。過去如果做了像今天的談話，必定會遭調查局召喚，接受調查。我所以敬重李總統，並不是因為他曾經多次訪問本公司，而由於他是歷任總統中，最尊重言論自由的一位。他是一位無私利、私欲的人，為了把台灣建設為民主法治的國家，而正推行政治革新工作。我對台灣將來，持有樂觀看法。多數台灣人持有綠卡（美國居住權）一事，我一點也不感興趣，因為目前的台灣很安全。經過最近的改革，軍人的勢力開始後退，政情也在趨向正常化。將來的歷史家，可能會證明我的這種見解。

我希望各位能對歷史發生興趣。歷史是很有趣的東西，依所看的角度，能產生不同的敘景。

誠如歷史家所說，在那裡的三棵樹，因所看角度不同，有時會變成一棵樹，有時會變成三棵。歷史就是如此。

大事紀

1941年
●「奇美行」租店面，經營童裝買賣。

1953年
●八月奇美實業廠設立（台南市和平街，八坪）。

1957年
●參加中國生產力中心舉辦「不碎玻璃講習會」。台塑PVC廠投產四噸／日。
●開始實驗並試製「壓克力板」。

1959年
●三月接受台灣日光燈公司五百公斤壓克力乳白板訂單。
●七月赴日研習壓克力製造及加工技術，參觀三菱縲縈（Rayon）公司。
●九月二十四日奇美實業（股）公司成立會。
●十月鹽埕廠（七百坪）開始設計、施工。

1960年
●一月壓克力板完成試俥。
●二月壓克力板開台上市——創造新市場。台南鹽埕廠，月產量二噸，加工技術公開並傳授（免費）。

1961年 ●二月二十日奇美實業（股）公司創立紀念日。
●六月創業初期之挑戰與競爭考驗——台北新雅、台南金龍記。

1963年 ●一月壓克力板開始外銷（六至七噸／月）。
●三月十五日股東會。

1964年 ●六月奇麗板上市——向既有市場挑戰。
●鈕扣胚粒投產。大口徑生產。原料：Polyester。

1965年 ●二月購買高雄油倉用地並建三座三百公秉油槽。
●十一月奇菱樹脂公司成立（原奇美ＰＥ部）產品：ＰＥ加工品與三菱油化（占二四・五％）、三菱商事（占二四・五％）合資設立（一九七六年五月撤資）。
●十二月台達ＧＰ上市一百五十噸／月，台灣第一家ＰＳ製造廠商。

1966年 ●七月鹽埕廠ＥＰＳ生產技術研究。

1967年 ●一月美化板上市。
●七月佳美貿易公司成立（原奇美貿易部）。

１９６８年 ●一月二十日保利化學公司成立，產品：ＥＰＳ二百噸／月，日資：三菱油化占二〇％，技術費、專利費免議。
●二月仁德實業公司成立（ＥＰＳ加工）。
●三月購置台北奇美大樓用地（四〇六坪），土地價款二百二十萬元，財務周轉困難。
●八月自行印刷化粧紙（競爭利基）。

１９６９年 ●九月保利公司ＧＰ／ＨＰ投產，ＧＰＳ：二百噸／月（Tower A-Line），ＨＩＰＳ：一百噸／月。

１９７０年 ●海外合資公司：菲保利：壓克力板、化粧板；馬塑：壓克力板、化粧板；泰保利：壓克力板；泰天行：化粧板。

１９７１年 ●九月奇美油倉公司成立。
●十月食品級ＨＩＰＳ開發成功，保利公司轉虧為盈。台灣退出聯合國。
●十二月奇美冷凍食品（股）公司成立。

１９７２年 ●設新加坡、香港投資公司，印尼ＵＩＰＩ：ＰＶＣ製品，奇美公司、洪敦樹、陳國恩（華僑），國泰塑膠合資。
●七月一日奇美公司組織經營委員會——所有權與經營權分離政策。

1973年

●七月一日成立綜合企畫處，負責人：朱玉堂、王世昌，發行「奇美企業」社內誌。目標管理制度（同年七月），提案制度（翌年五月），從業員購屋制度（翌年五月），從業員持股制度（翌年七月），升等考試制度（一九七四年二月）。

●十月第一次石油危機前之市況預測：石化價格最低，交涉長期購料合約。

●十二月保利廠C、D Line完成（五個月內）。單線產能月產三百噸提高到五百噸，PS產能達每月一千一百噸，適時趕上石油危機引起之過熱景氣。

●二月第一次石油危機，物價飆漲，搶購風潮。

●三月八日簽立菲律賓PMCI整廠輸出合約，產品項目：GPS、HIPS、EPS，總指揮：陳錦源廠長。

●四月壓克力板決定建第三廠。

1974年

●一月保利鉅額利潤，資本額四千八百萬元，獲利新台幣一．一億元（佳美總代理同沾其利）。

●二月經濟衰退，市景蕭條，物價暴跌。

●四月ABS技術引進，十月在保利廠進行實驗室研究。

1975年

●九月八日宣佈「收縮平衡」的經營戰略，不減薪、不裁員、不減少研究經費，壓克力三廠繼續擴建。

●保利鉅額虧損，資本額九千八百萬元，虧損三千四百萬元，一九七六年以資產重估彌補。

●五月景氣復甦，市況逐漸活絡。

●七月宣佈「擴大平衡」政策——低價搶市場。

●七月實行「存貨補償」政策，配合降價搶市場政策，建立經銷商之信心。

●十月強化市場行銷力之具體策略——壓克力板及化粧板市場。1.設計標準規格壓克力招牌免費贈送客戶一萬只；2.廣設二、三級鄉鎮之經銷；3.除台中營業所外，加設高雄營業所。

1976年

●四月供不應求時期之漲價策略是釋出部分市場，求取企業最大經營利潤。

●七月一日事業部制度之嘗試——鹽埕廠。

●七月保利廠ＡＢＳ投產（國內首創）。

●九月終止佳美代理制度，落實積極的、全面的、直接的銷售策略。產銷一體，配合靈活。

●十一月連續式ＨＩＰＳ生產設備改良完成。

1977年
●一月逐步實施「一價制」政策——脫離料商控制。一九八四年三月每月售價於報紙刊登，完成一價制政策。
●三月壓克力水性水泥漆「九五五」上市。
●四月二十九日成立樹河文化基金會，一九八四年十一月改為奇美文化基金會。
●六月保利廠第一次水災。
●八月保利廠第二次水災。

1978年
●一月鹽埕廠實施「目標獎金」辦法。
●五月化粧板創紀錄銷售每月五十萬片。
●七月化成品事業部改為化成課。併入化粧板事業部。產品：ＰＶＡＣ接著劑、壓克力乳膠。

1979年
●第二次石油危機來臨，物價又飆漲。大德昌不履行ＳＭ之供料合約。
●四月仁德廠購地。
●四月由中央理化引進ＰＶＡＣ生產技術，乳化重合技術之引進（PB-Latex之應用）。

1980年

●七月一日保仁工程公司成立。

●十一月投資台灣苯乙烯公司。

●一月引進ＡＳ製程技術。

●四月石油危機後之經濟衰退，原料、成品大幅度降價，庫存損失嚴重。

●七月聘請日籍原遵司為技術顧問。

●九月壓克力板經營陷困境——財務困難。

●十月宣佈「收縮平衡」政策。

●十二月ＥＰＳ遷廠（由保利廠遷至仁德實業公司），仁德實業（一九八三年二月火災）→保利復工（同年七月）。

1981年

●一月一日技術服務小組成立。

●一月仁德廠三百ＡＣ投產（Plaskolite）壓克力聚合→造粒→押板（批式）。

●三月台達公司ＡＢＳ上市，投資九・六億，每年產能二萬噸，技術：日本東麗（Toray）。

●四月仁德廠新建ＰＶＡＣ廠——仁德廠區第一座工廠。

●六月保利廠九百ＰＳＰ投產——奇美發展史的重要里程碑，第一座連續式塊狀溶液聚合工廠→技術大突破。

●十二月保利廠五百ＡＳ一線試俥成功，一九八三年十月五百ＡＳ二線擴建完成，不成熟技術，最大膽嘗試。奇美ＡＢＳ時代的來臨。

1982年

●一月決定在仁德廠新建ＡＢＳ（第一期）——支援保利。

●四月人力、財力資源整合。

●八月月產一千八百噸ＰＳＰ第一廠決定在仁德廠新建，一九八三年十月完工。

●八月開始有奇美、保利合併之構想，奇美、保利合併後之「優勢相乘」及「規模利益」效果。

1983年

●一月確立公司力量整合方向，奇美負責土地、資金；保利負責技術、產銷、經營；保仁負責工程及建廠。

●二月一日仁德實業：火災。

●三月四千萬噸ＳＱＺ試俥成功，技術突破。

●四月七五七開發成功，色白，物性良好加工質好。→ＡＢＳ之代名詞。

●六月ＡＢＳ首次突破日產兩千噸。

１９８４年

●五月仁德廠第二期ＡＢＳ增建。

●一月美國壓克力板反傾銷訴訟，Dupont提出，傾銷稅：（一九八四年一月）二・九三％，（同年三月）六・七四％，同年五月美國ＩＴＣ以五比零票駁回，奇美勝訴。

●十月國喬ＡＢＳ上市。

●十月宣佈「攻擊為最好的防禦」：強化「以量取勝」意識、脫離國內業界產能拉鋸戰。

●十二月三十一日奇美、保利合併基準日——換股比例一比一・五營業額：奇美三十七億，保利二七・五億，享受兩年所得稅一五％，減免約五千七百萬元。

１９８５年

●一月興建「奇美醫院」之規畫。

●四月經濟不景氣，外銷不順，企業倒閉多——楊鐵、百吉發。

●八月十五日保利Latex廠災變。

●十二月二十五日保利ＡＳ廠災變。

１９８６年

●四月世界景氣復甦，趕工、缺貨。奇美ＡＢＳ市場擴大佔有率。加拿大、沙烏地ＳＭ各三十萬噸投入市場，ＳＭ每噸由八百美元跌至三百五十美元。

●七月一次增建年產能八萬噸ＡＢＳ之氣魄，企業規模大型化。

●八月承擔客戶匯率風險，一比三八保證，月底結算補償。

●十月ＰＭＭＡ溶液聚合技術引進（ＰＴＩ）。

●十月成立「台南歌劇管弦樂團」，第一次公演《可愛牧羊女》爆滿。

1987年

●四月八萬噸ＡＢＳ趕工——下達緊急動員令。朱玉堂督導。胡榮春調仁德廠成立工務第二部支援外包商。

●四月十七日八萬噸→十五萬噸（第一套）。怕與中油五輕、台塑六輕工程撞期，加速並擴大工程規模。

●四月二十三日第二套十五萬噸ＡＢＳ構想：

1.台塑有三年後完成年產ＡＢＳ二十萬噸計畫，奇美再完成第二套十五萬噸ＡＢＳ後，以四十比二十才有雄厚競爭力。

2.一九八九年大陸開放後，沿海之合資工廠陸續投產，大陸工資為日本六十分之一，競爭力強，商機無限。

●五月ＳＭ大幅漲價、惜售，大陸搶購ＡＢＳ。

●ＳＭ單價七十五年三百四十↓一千一百↓一千六百美元／噸。

●公司政策：照價採購，全能生產，但保持高度警覺，以免為高價原料庫存套牢。

1987年

●五月ABS、PS—OEM—Dow Chem以Monomer換Polymer ABS七・五～十萬噸／年——為奇美產能擴充後之市場行銷注一強心劑。

●八、九月4001BP、4002AS、1401PBL、15001ABS相繼試俥投產，年產能十五萬噸，在日、美、韓未能充分供應下，適時趕上大陸搶購的市場真空。

●八月十四日接管「逢甲醫院」，一九九二年十二月改名為「奇美醫院」，捐五千萬元並承擔七億元負債。

●九月二十九日經濟日報以「奇美放眼全球，擴充產能——建廠成本很低，有恃無恐」為題報導：

1.一九八六年六萬噸↓一九八八年三十萬噸——兩年擴充五倍。

2.全球第二，僅次於華納。

3.建廠成本只有競爭對手的四分之一。

●十月台苯股票開始拋售，股市大漲：年初一千點↓四千五百點，一九九一年四月台苯股票出清，獲得三十七億資金，進入無負債經營。

●十二月與ARCO簽SM採購合約，兩年供應SM八・四萬噸，奇美在

1988年

一九八八年缺料中獲得鉅利與客戶的信任。

●五月購買善化廠用地，七月一日實施一週上班五天。

●七月成立環保部。

●七月GE併購Borg Warner，以二十三億美元併購五十萬噸ABS及其他化學品設備。

●十月第一部廢氣直接燃燒爐點火，Gadeius廢氣直燃爐燃燒效率九九．五%，如及時雨澆熄年初以來環保的難題。

●十二月年產三萬噸壓克力粒廠投產（PTI技術），PMMA技術重大革新（連續式溶液聚合）。

●十二月全年營業額一百八十億，全國民營企業排名第八位。

1989年

●六月四日大陸發生「天安門事件」，ABS銷大陸預定每月減少三千噸，AS開工率四〇%。

●十月十八日TPM、「物流改善」發表會，JEMCO為顧問之小組訓練及改善活動，影響甚為深遠。

1990年

●十二月善化建廠受阻而放棄，大陸建廠之意念具體化、行動化。

1991年

●二月成立藝術資料館籌備處，發佈十五年以十五億元建立「奇美藝術園區」。

●三月第二套年產能十五萬噸ＡＢＳ投產，產能達五十萬噸，躍居世界第一。

●五月PMMA-DSP試俥成功，壓克力直接押板之夢想實現。

●八月伊拉克攻佔科威特，油價十三↓十四美元／桶，奇美ＡＢＳ欲漲未漲，趁勢擴大市場，突破三萬五千噸／月。

●十二月奇美冶凍食品公司改組，仁德實業公司併入奇菱樹脂公司。

●一月日本泡沫經濟破滅，股市、房地產暴跌。

●二月年產能十二萬噸ＰＳＰ趕工，認知ＰＳ市場的特性及ＳＭ價格大幅升降其對應關係。

●六月決定美國設廠全力進行：1.政府大陸政策不明朗；2.接近原料產地；3.提升建廠工程水準；4.ＡＢＳ直銷美國，運費、關稅每公斤可節省十元。

●六月日本松下電器擴大採購奇美ＡＢＳ，與三菱油化共同開發日本市場。

●八月保利廠ＥＰＳ停止生產。

●十一月美國ＡＢＳ、ＰＳ投資案的反動：1.ＧＥ表示有「不惜一戰」的強烈威脅；2.Monsanto嚴重關切對其生存的憂慮。

●十二月與三菱油化的第一次技術交流，最切實的觀摩訓練。一九九三年十一月止共舉行八次。

●十二月本年度獲進出口績優廠商獎，實績八億美元，排名第三，僅次於南亞、大同。

1992年

●三月美國設廠案由於投資風險之顧慮決定擱置。

●三月成立專利部。

●六月大陸市場廣植深耕方案：1.設立上海辦事處；2.在各據點合資設立配銷、染色加工點（華美計畫）；3.各種加工技術講習傳授（林正山）。

●七月CIM規畫：1.建立產銷、排程協調中心；2.建立整廠電腦整合管理體系；3.投資抵減率五％以上。

●七月成立品保部，執行ISO-9002之全面品質保證體系。一九九三年十二月十六日審查通過。

●十一月再擬議ABS產能六十五↓八十萬噸。

●十二月奇美躍登由《卓越》雜誌舉辦全國企業聲望調查第三名。

1993年

●三月環保績效獲肯定，榮獲第一屆企業環保特優獎。一九九一年六月榮獲工業減廢績優廠商獎。

●三月與中鋼公司合作進行設備管理電腦化。

●五月年產能十二萬噸PSP第二廠決定增建，PS：汰舊換新，儲備產能（保利廠停產）。

●七月CM－一二〇運動更改為CM－一六〇運動。

●七月台化宣佈ABS建廠計畫。

●七月大陸宣佈「宏觀調控」整頓金融秩序，大陸銷售稍受影響。

●八月第一套月產八千噸AS陸續試俥成功。

●九月歐美日名廠尋求與奇美合作之商機：BASF、GE、ICI、旭化成、三菱油化、Monsanto。

●十一月十七日許文龍董事長應總統府邀請參加美國前總統布希之國宴。

●十二月三菱油化與三菱化成合併為「三菱化學公司」，「三菱化學」樹脂產能一百零七萬噸，日本第一。

1994年

●三月二十八日日本《日經Business》周刊專訪：簡扼剖析奇美之成為世界第一之經營特質。

●七月品質再獲突破性進展，ＢＳ方法研發成功，Ｂ－六五症候群消除。

●十月二十四日奇美ＡＢＳ八十萬噸為世界第一，佔全球產能二五％，日本《經濟新聞》刊載我國佔世界第一位的產品除奇美外，另外有宏碁ＰＣ四〇％，長榮貨櫃船六％，華隆聚酯長纖六％。

●十一月大陸投資獲政府核准，ＡＢＳ，ＰＳ投資九千四百五十萬美元，為台灣最大的投資案。

1995年

●二月二十日奇美三十五週年廠慶，並宣佈為「橡膠元年」。

●三月宣佈ＡＢＳ，ＡＳ減產三〇％，為抑制ＳＭ不合理的漲價與暴利：成本每噸六百美元，售價每噸一千三百美元。

●十月ＳＭ報價大跌每噸四百二十美元。

●奇美連續四個月無盈餘（七至十月）

●十月十九日馬來西亞工貿部長來訪。

●十一月Monsanto ＡＢＳ廠售與Bayer年產能四十八萬噸。

●十一月正式宣佈暫緩大陸投資案，兩岸關係陷低潮，美國及東南亞投資計畫優先。

●十一月單月銷售總量十三萬三千六百八十六噸，刷新紀錄。

國家圖書館出版品預行編目資料

觀念：許文龍和他的奇美王國 / 黃越宏著. --再版.
-- 臺北市：商周出版:家庭傳媒城邦分公司發行；
2007, 民96　384 面 ;21公分. -- (企業列傳；7)

ISBN 978-957-9293-57-0 (平裝)

1. 企業 - 臺灣

499.232　　85002783

作者簡介

黃越宏

一九五六年生，東海大學政治系畢，
十五年報社記者、特派員、副主任等資歷，
寫過專欄及著作，跑過形形色色的新聞，
見過各式各樣的人，交過不同層次的朋友，
但他深覺這兩年來採訪許董事長，
是以往人生經驗中從未有過，卻最豐富的收穫。

企業列傳7

觀念——許文龍和他的奇美王國

作　　者　黃越宏
總 經 理　陳絜吾
副總編輯　王筱玲
封面設計　劉林華
設計排版　小柚
責任編輯　林徑

發 行 人　何飛鵬
法律顧問　台英國際商務法律事務所　羅明通律師
出　　版　商周出版　城邦文化事業股份有限公司
臺北市中山區民生東路二段141號9樓
電話：(02) 2500-7008　傳真：(02) 2500-7759
E-mail：bwp.service@cite.com.tw
發　　行　英屬蓋曼群島商家庭傳媒股份有限公司　城邦分公司
臺北市中山區民生東路二段141號2樓
讀者服務專線：0800-020-299　24小時傳真服務：02-2517-0999
讀者服務信箱E-mail：cs@cite.com.tw
劃撥帳號：19833503　戶名：英屬蓋曼群島商家庭傳媒股份有限公司城邦分公司
訂購服務　書蟲股份有限公司客服專線：(02)2500-7718；2500-7719
服務時間：週一至週五上午09:30-12:00；下午13:30-17:00
24小時傳真專線：(02)2500-1990；2500-1991
劃撥帳號：19863813　戶名：書蟲股份有限公司
E-mail：service@readingclub.com.tw
香港發行所　城邦(香港)出版集團有限公司
香港 灣仔 軒尼詩道235號3樓
電話：(852) 2508 6231或 2508 6217　傳真：(852) 2578 9337
馬新發行所　城邦(馬新)出版集團
Cité (M) Sdn. Bhd. (45837ZU)
11, Jalan 30D／146, Desa Tasik, Sungai Besi, 57000 Kuala Lumpur, Malaysia.
電話：603-90563833　傳真：603-90562833
E-mail: citekl@cite.com.tw
印　　刷　韋懋實業有限公司
總 經 銷　農學社電話：(02)2917 8022　傳真：(02)2915 6275

■2007年4月30日再版

■2012年4月19日二版6.5刷

■2023年11月28日三版3.5刷

定價／340元　ISBN／978-957-9293-57-0